重庆工商大学出版基金资助

U0344520

Doctoral
Thesis
Collection
in
Architectural
and
Civil
Engineering

# 基于植物生物节律的园林植物照明

JIYU ZHIWU SHENGWU JIELÜ DE
YUANLIN ZHIWU ZHAOMING

段然 ◎ 著

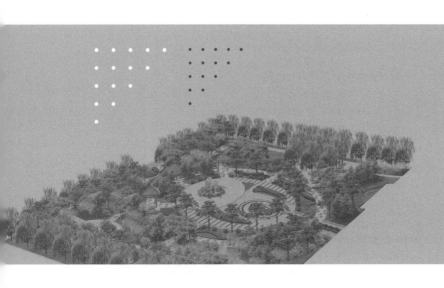

重庆大学出版社

**图书在版编目(CIP)数据**

基于植物生物节律的园林植物照明/段然著. --重
庆：重庆大学出版社,2019.6
(建筑与土木工程博士文库)
ISBN 978-7-5689-1515-1

Ⅰ.①基⋯　Ⅱ.①段⋯　Ⅲ.①园林植物—室外照明—
照明设计　Ⅳ.①TU986.2

中国版本图书馆 CIP 数据核字(2019)第 026944 号

**基于植物生物节律的园林植物照明**
段　然　著
策划编辑:林青山
责任编辑:张红梅　　版式设计:林青山
责任校对:邬小梅　　责任印制:张　策

\*

重庆大学出版社出版发行
出版人:易树平
社址:重庆市沙坪坝区大学城西路 21 号
邮编:401331
电话:(023) 88617190　88617185(中小学)
传真:(023) 88617186　88617166
网址:http://www.cqup.com.cn
邮箱:fxk@ cqup.com.cn(营销中心)
全国新华书店经销
重庆俊蒲印务有限公司印刷

\*

开本:787mm×1092mm　1/16　印张:12　字数:286 千
2019 年 6 月第 1 版　　2019 年 6 月第 1 次印刷
ISBN 978-7-5689-1515-1　定价:49.00 元

# 前　言

## Preface

　　园林植物是城市的重要组成部分。近些年来,我国各城市广泛开展城市夜景照明建设,对园林植物进行夜景照明是城市塑造夜间景观普遍采用的一种方式。园林植物照明使用的是人工光源,人工光源的光谱能量分布、光照强度及对植物进行光照的时间等都与日光不同。对于植物而言,人为地增加光照,无疑会破坏其生物节律。光环境的改变,直接体现在了植物的光合速率上,长期积累后,又将体现在植物生长形态等方面的变化上。但目前未见人工照明影响植物生物节律方面的系统性研究,也缺乏园林植物照明的相关技术标准。研究人工光照对植物生物节律的影响,将夜景照明对植物生物节律的破坏降到最低,是园林照明中亟待解决的问题。

　　笔者对我国部分地区园林植物照明进行了较长时间的跟踪观测,观测内容包括植物类型,植物长势,照明常用的人工光源的光照强度、光源光谱能量分布及光照时间等。通过拍照、仪器测量、取样等,笔者掌握了园林植物照明影响植物生物节律的基本表象特征,为实验研究奠定了基础。

　　植物叶片是植物接受光照的主要对象。不当的人工光照会对植物的生长造成较大的影响。本实验选取 16 株均高 1.5 m 左右的同龄窄叶石楠为实验样本。窄叶石楠为石楠属,是园林景观中的常见植物,其叶片具有彩叶特点,但又不同于红叶石楠叶片的颜色易变性,能保证实验过程中叶片生化指标的稳定性。实验还选用了 5 种不同光色的 LED 光源和 3 个不同照度强度,进行为期 6 个月的光照窄叶石楠实验。实验中,笔者监测了窄叶石楠叶片的叶绿素含量、叶片形态变化规律及叶芽数量等,利用 Li-6400 光合仪测量样本植物受人工光照前后的光合指标,对实验数据进行非线性回归分析,建立人工光照下窄叶石楠净光合速率与光照强度的关系模型;结合实测数据,利用直角双曲线修正公式得出光谱能量分布对窄叶石楠生物节律的影响程度。通过分析研究,笔者发现了人工光照与窄叶石楠植物生物节律各参数的关系。

　　根据以上研究,利用计算机数据仓库及数据挖掘理论技术,对 LED 光源光谱能量分布、光照强度、窄叶石楠光响应曲线、净光合速率、气孔导度、蒸腾速率、植物叶片色彩、植物叶片面积、周长、叶长、叶宽、形态指数、叶芽数量等数据进行统一分析处理,确定了增加人工光照后窄叶石楠各生理指标之间的关系。

　　本书成果对园林植物照明建设具有重要的理论与实践意义,为我国园林植物照明提供了基础性参考数据和科学的研究方法;为园林植物照明光源的选择和植物分类照明设计提供了依据,也为我国制定园林植物照明标准及规范提供了科学的基础性技术参数。

感谢恩师杨春宇教授以渊博的学识和严谨的治学态度,引导笔者走入建筑光学研究的殿堂,为本书的撰写创造科研条件,本书的研究成果凝聚着先生的辛劳。衷心感谢郭平教授及其团队为本书提供计算机技术支持和帮助;衷心感谢西南大学柑橘研究所凌丽玲博士、袁高鹏硕士提供的生物实验仪器操作方面的帮助。

由于笔者精力及学识有限,书中难免存在有争议之处,敬请各位读者及同行指正。

著　者

2019 年 3 月

# 目 录

## Contents

# 图表目录

# 1 绪 论

## 1.1 研究的背景、意义和技术路线

### 1.1.1 研究的背景

我国经济的高速发展为城市夜景照明建设提供了稳定的物质基础。夜景照明既美化了城市夜间形象,又拓展了夜间活动的空间范围,延长了活动时间。园林植物照明是城市夜景照明的重要组成部分。目前,我国县级以上城市普遍开展夜景照明建设,园林植物照明随处可见,有的甚至已发展到风景旅游区。与城市建(构)筑物照明不同,园林植物照明是利用照明技术对城市公园、城市绿地、植物水体及园林建筑小品等园林景观进行夜间形象塑造的照明工程,它很好地使园林景观融入了整个城市夜间光环境。植物是园林景观系统的重要组成,是景观中具有生命的物质对象,而园林植物照明人为地增加了每日 3 h 左右的光照时间,这势必会影响园林植物的生物节律[1],破坏园林植物的生长健康。园林植物照明如何既满足夜景美化的需求,又不影响植物的正常生长,是一个亟待解决的重要课题。

由于我国缺乏园林植物照明标准,在针对人工照明影响园林植物生物节律方面也没有系统的研究,所以滥用各种光源照射植物的现象极为普遍。人眼观看园林植物照明的光照度量与植物光合度量不同[2],适用于人眼视看效果的照明并不一定适合植物的生长发育。用于园林植物照明的传统人工光源有高压钠灯、金属卤化物灯(以下简称"金卤灯")、荧光灯等。随着 LED 照明技术不断提高,LED 光源已成为目前园林照明的主要光源。LED 光源由Ⅰ—Ⅲ族化合物[如砷化镓(GaAs)、磷化镓(GaP)、磷砷化镓(GaAsP)等半导体材料[3]]组成,与传统光源相比,它具有寿命长、响应快、环保、安全、节能等特点。研究 LED 光源与园林植物生物节律的关系对园林夜景效果设置具有重要理论意义和实用价值。

国际照明委员会照明标准中未给出园林植物照明的相关技术性指标及评定标准;俄罗斯《建、构筑物建筑室外照明标准》虽涉及了城市公共花园的泛光照明亮度标准,但也仅是从视看效果角度进行的规范,不涉及人工光照影响园林植物生长方面的技术内容;北美照明学会(IESNA)推荐的照明标准仅在某些章节提出了树木养护作业,乔木、灌木和其他木本植物的维护及树木的照明保护装置的相关标准,没有明确园林植物照明的相关参数;英国、德国、日本等国家的照明标准以及我国的《城市夜景照明设计规范》(JGJ/T 163—2008)均未对园林植物照明提供相应的技术参数[4]。

## 1.1.2　研究的意义

城市夜景照明建设在我国各城市广泛开展,园林照明已成为其重要组成部分。植物作为园林的重要构成元素,在园林照明中受到了各种人工光源的照射。在相同的区域自然条件下,人工光照是引起园林植物生长差异的重要因素。根据植物的生物节律,植物夜间不进行光合作用,但园林植物照明提供的光照迫使夜间植物进行光合作用,严重破坏了植物的生物节律。只有确定了园林植物对人工光源光照强度及光谱能量分布的接受范围,再从人工光源光谱能量分布、光照强度及其对园林植物生长的影响方面进行实验、分析,才能定量地为园林植物照明提供科学的技术支持,规范园林植物照明行为。

本研究基于人工光源光谱能量分布、光照强度及光照时间,有针对性地对园林植物照明现状进行调研测量,并对调研数据进行统计、分析,从而确定实验对象并进行实验田实验及测量。本研究以窄叶石楠为实验对象,监测窄叶石楠叶片形态变化,测量 LED 光源照射前后窄叶石楠的植物光响应曲线、净光合速率、气孔导度、蒸腾速率等生理指标,从而确定人工光照对植物生物节律的影响。本研究结合植物学理论,意在为园林植物照明提供科学的研究方法与理论依据,弥补当前我国园林植物照明定量研究的不足,为园林植物照明标准、规范的制定提供科学的基础参数和技术支撑。

## 1.1.3　研究的技术路线

本研究的技术路线如图 1.1 所示。

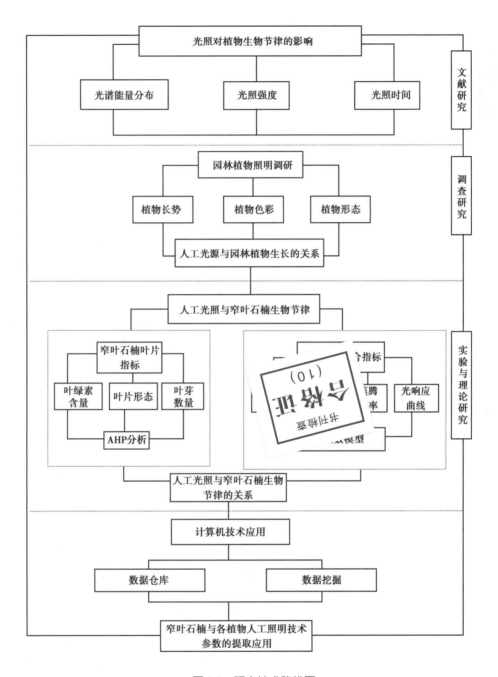

图 1.1　研究技术路线图

## 1.2 国外研究现状及发展动态分析

### 1.2.1 光照强度与植物生物节律的关系

光照强度是植物自身预测季节变化的信号,它能使植物体内的活性酶含量发生变化。光照强度对植物生长的作用分为间接作用和直接作用。间接作用是指光照作为能源参与植物的光合作用[5],在这一过程中,需要较强光照及较长的照射时间,才能够合成植物生长所需要的能量。直接作用是指光照作为信号对植物形态建成的影响,如促进黄化苗转绿、叶芽分化、开花时间等。

光照强度对植物生物节律的影响主要表现在植物的生理生化指标及形态指标上。国外有关光照强度影响植物生物节律的研究较早,这些研究对从宏观植物形态到微观光量子在植物体内的传导机理都有所涉及。20 世纪 50 年代,国外学者从植物的避阴方面进行研究(重点在光照强度引起植物生理生化及形态节律的变化上),他们根据植物对光照强度的适应及植物光饱和点与光补偿点的不同,将植物划分为阳生植物、阴生植物和中性植物。光照强度过高时,过剩的光能会引起植物光抑制反应[6],植物被迫进行一系列生理生化作用降低自身光合,这一过程将严重影响植物生长发育。光照强度减弱时,光能的不足则促使植物提高叶片内活性氧的产生速率和膜脂的过氧化程度,降低抗氧化酶的活性,从而使植物体降低对光能的需求,进而降低呼吸速率和光补偿点,以保存自身能量[7,8]。

在光照强度影响植物生理生化的研究方面,Anderson 等[9,10]对比灌木冠层外部及内部叶片的特征发现,由于所受光照强度不同,植物叶片叶绿体数量和形态均存在明显差异,叶绿体中基粒和类囊体数量随着光照强度的增加而增加。Boardman[11]指出,为了避免植物自身光合组织受光照伤害,高光照强度下,植物体含有更多的蛋白质和更高的光饱点。Bertamini[12]、Maxwell[13]等得出,植物为保护酶系统对光照强度的响应,不同光照下,其光抑制水平主要由叶绿素荧光的比值($F_v/F_m$)和光电子的传输过程决定。在强光条件下,叶片中的叶绿素总含量与叶绿素 a/b 的比值保持稳定;在光照强度低的情况下,植物减少光合产量,积累能量物质,并调节自身光适应性。Yang[14]对不同光照强度下叶绿素 a 与叶绿素 b 的含量进行研究发现,光照强度的增加,使得光合系统第二阶段的叶绿素 a/b 中的蛋白质含量上升。Horwitz[15]通过对转基因植物发光蛋白调节机制进行研究,揭示了蓝光激发细胞内的 $Ca^{2+}$进行光受体生理生化作用的机理。

Powles 等[16]证实,过高光照强度下,植物通过激素调节改变叶片的受光角度,通过叶绿体运动避免过强光直射引起的植物光合机构损害,同时,植物也会产生一系列生理生化反应来对抗过量光能的耗散,保护光合机构[17]。如引起植物"午休现象"的正午强光,不但影响了植物生物节律[18,19],而且对植物的生长和发育有一定影响。当光照过弱时,植物降低对光能的需求,呼吸速率和光补偿点均降低,以保存能量[8]。Long 等[20]的研究表明,植物处于光胁迫下时,光合作用的光抑制会造成较严重的碳损失。Kar 和 Choudhuri[21]发现,在中等光照强度下,植物叶片超氧化物歧化酶(SOD)活性增加,叶片抗衰能力同时增加。Streb[22]通过实验证实,光通量密度高于 500 μmol/(m² · s)会引起叶片过氧化物酶的活力随遮光程度增大而降低。

在光照强度影响植物形态的研究方面,有学者指出:弱光照条件下,植物叶片的叶长、叶宽、叶厚、叶面积、形态指标等较全光照下有明显差别[23]。阴生植物遮阴后,为了扩大与光量子的有效接触面积,提高对散射光、漫射光的吸收利用,植物叶面积会增加,叶片气孔密度会变小,气孔导度会降低,同时比叶重会减少。此时,叶片栅栏组织与海绵组织都变薄,所以叶片厚度随之变薄。一般情况下,低光照强度有利于植物幼茎的延长生长;高光照强度则抑制植物幼茎的延长生长,但能促进组织分化、根系生长,形成较大的根茎比。在光照强度高的条件下,Masterlerz[24]发现,植物有茎粗度、干重变大的现象。Cao[25]通过比较不同光照条件下不同类型植物样本的解剖结构得出,受高光照强度照射的部分,叶片厚度更大且具有更多的栅栏组织和海绵组织,同时,比叶面积(SLA)数值更小。Urbas[26]研究发现,生长在弱光照环境的植物叶片普遍较大、较柔软,且植物的比叶重较小、叶片较长。

国外关于光照强度影响植物生长的研究,主要集中在植物学、农学领域。通过对不同天然光照条件下,植物蛋白质、酶活性及植物叶绿素含量的测量及对植物表观形态结构的观察,得到植物形态随光照变化的规律。国外在这方面的研究起步早且内容丰富,为研究人工光源对植物生长的影响提供了相关酶及叶绿素水平检测的方法和理论依据,但缺乏城市夜景照明影响植物生物节律的研究。

## 1.2.2　光谱能量分布与植物生物节律的关系

人工光源光谱的能量分布与日光光谱的不同,光谱调控植物光合作用,如光谱能量较高的红光(640~750 nm)能够通过抑制植物光合产物的输出,增加叶片淀粉含量,从而增加叶片的厚度[27],另外,红光还能促进碳水化合物的增加[28];蓝光(450~480 nm)可调控叶绿素形成、气孔开闭等生理过程[29],在植物工厂中,增加蓝光比例,能够促进植物线粒体的暗呼吸作用,并在呼吸作用过程中产生有机酸、积累蛋白质,同时为氨基酸的合成提供碳架。

在光谱能量分布影响植物生理生化方面,Aphalo[30]指出,不同的光谱能量对植物的影响不同,照射到植物叶片的光会被传输、反射及吸收。蓝紫光能为光合作用中的化学反应提供能量和催化作用,抑制植物茎的生长。蓝紫光照射的植物植株矮小、发育不良;黄绿光不易被植物吸收,大多被植物叶片反射。UV-B辐射会引起叶片解剖结构的变化,辐射增强使叶片中基粒和基质类囊体受到损伤,叶绿体结构受到破坏,叶绿体的类囊体膜扩张,表皮细胞变短,叶片厚度增厚等[31]。人工光源中的蓝光光谱成分能够诱导植物新叶生发及叶片老化,进而改变植物叶片色彩及植物生长周期。人工照明延长的光照时间会扰乱植物生物节律[32],刺激光敏色素传导信号,诱导相关基因的表达。如果改变植物光照环境并为植物提供不适宜的光谱能量,就会影响植物生长并改变植物的生物节律。

人工光照诱导植物光敏色素能力的不同[33]，导致部分植物叶片会根据光谱能量分布改变叶片色彩[34]，如植物叶片的适光变态等[35]。人工光源光谱能量分布在100~400 nm的紫外光和分布在400~520 nm的蓝光[36]影响植物叶片色素合成[37]及与叶片色彩相关的酶活性，是植物叶片色彩改变的决定性因素，在此光谱能量范围内叶绿素与类胡萝卜素的吸收比例较大[38]。

光源光谱能量分布是植物生长发育的诱导信号[39,40]，同时也影响植物的光合效率。光照通过调节光受体调控植物生长发育[41]，同时，调控植物的生物节律。只有特定波长的光谱才能供植物进行光合作用，其他波长或过量特定波长的光谱能量对植物的生长、生物节律没有明显影响。波长分布在400~700 nm的光谱能量对植物的影响极其明显[42]，该光谱能量分布被称为植物光合有效辐射（PAR）[43]。不同波长的光谱辐射对植物的影响不同[44]，相同光谱辐射对不同植物的作用也表现出很大的差异，而且在同一植物的不同器官上的作用也有明显差异[45]。

不同光谱成分被植物的光受体所感知，进而控制植物器官分化、光周期等[46]。在光谱能量分布方面，Kendrick和Kronenberg[47]于1994年在 Photomorphogenesis in plants 一书中指出：光谱能量分布在紫光（315~400 nm）时，会降低植物叶绿素对光能的利用，阻止植物茎的纵向生长；在蓝光（400~520 nm）时，会提高叶绿素与类胡萝卜素对光能利用率，增强光合能力；在绿光（480~550 nm）时，叶片不吸收反射光线；在红光（610~720 nm）时，叶绿素吸收率低，不利于光合作用与光周期效应；在720~1 000 nm时，刺激细胞延长，影响植物开花与种子发芽。同时，Kowallik[48,49]通过研究蓝光对植物的影响得出，蓝光光谱能促进植物生长绿色叶片；红光光谱有助于开花结果和延长花期。

在光谱能量分布影响植物形态的研究方面，Moreira等[50]发现，蓝光可抑制植物叶片扩大，抑制植株增高。Gautier等[51]指出，降低蓝光能够促进白三叶草叶柄长度增加、叶片变大变薄。Atsushi Takemiya等[52]通过测量低光照环境中蓝光诱导的植物组织得出，低光照环境中，蓝光能够促进低光照环境中植物的生长。Jashs March[53]利用不同光谱对生菜进行照射并对生化指标进行测量得出，持续的光照会改变生菜中硝酸的浓度。

Mathew等[54]利用人工光源为长日照植物提供光照，结果表明，人工光源能够为长日照植物提供有效照明，但是对有些植物而言，则会延迟植物的花期并减少花朵数量。Briggs等[55,56]从植物生理学角度对人工照明光谱能量分布与植物生长进行了研究，包括植物光谱能量分布对种子萌发及拟南芥幼苗生长发育的影响（图1.2）。Urbonavic等[57]的研究表明，绿光会影响叶片胡萝卜素的形成，且加剧植物新陈代谢及碳水化合物和硝酸盐的形成，同时，Briggs等[55]指出绿光能够调控植物叶片色彩。有测量验证[58-61]，植物的色素系统会吸收特定波长的光，并对光周期、光照强度产生生理反应，形成一定的生物节律。立陶宛学者Giedre和Samuoliene[62]通过实验研究了低光照强度下，LED在植物培养、生长、发育、新陈代谢、植物化学成分改变、抗氧化等方面的应用。Joshua等[63]利用不同的LED光源光谱照射水培甘蓝并对甘蓝的叶片、根系等生物量进行测量，得出了光谱能量分布对甘蓝不同器官的生物量的影响。

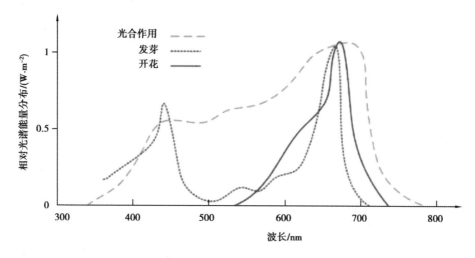

图 1.2 不同光谱能量分布对植物生理特性的影响

资料来源:参考文献[19]

国外在光谱能量分布影响植物生物节律方面的研究起步较早且较深入,研究内容包括了光谱对植物形态学及解剖学方面的影响。有关植物光受体方面的研究更在研究光谱对植物机理的影响方面做出了较大贡献。正是由于这些光受体的存在,植物可以感知各种波长的辐射,并感知光照方向以及周围环境中的竞争者,从而根据外部光环境条件改变自身形态及生理生化过程,生物节律随之也发生改变。这些研究为后期关于光谱能量分布对植物生物节律的影响提供了理论基础。

### 1.2.3 光照时间与植物生物节律的关系

植物在长期的进化过程中,适应了昼夜交替的光照变化,形成了固定的光照周期。光照周期对植物种子的萌发、幼苗的生长、茎的伸长、开花等都具有调控作用。1868 年,俄罗斯科学家 Andrei Famintsyn 首次提出利用人工光照调节植物生长,并指出可根据植物的类型、生长阶段利用人工光源对植物生长进行调控。植物对日照长短的感知主要通过叶片中的光受体,国外早期有关光周期现象的研究主要集中于农作物[64,65]。大量实验表明,植物的休眠受光周期的调节,植物通过对昼夜长短的感知,了解季节的变化,从而调控自身的落叶及各个生理过程[66]。Garner 等[67]指出,植物由于感知光照时数与黑暗时数的交替而具有光周期现象,植物的开花现象受光周期诱导,与植物营养体大小无关。Michael 等[68]通过对拟南芥在光抑制作用下内源糖信号的研究,从基因层面上得出,受光周期影响,植物会通过自身代谢进行生物节律的调节。

延长光照时数会促进植物的生长或延长生长期,影响植物的生理生化指标,扰乱其生物节律。在目前的研究中,控制植物开花的多是光周期[69],据此可将植物分为长日照植物、短日照植物及中日照植物。长日照植物每日累积日照时数多于 14 小时才能开花,且累积日照时数越长植物开花越早,否则,植物将始终进行营养生长[70]。短日照植物每日累积日照时数在 12 小时以下时,植物才能够开花,且日照时数越少开花越少[71]。中日照植物在昼夜光照时数相等时才能够开花。

### 1.2.4 园林植物照明的实践性研究

不少发达国家的夜景照明研究已相对成熟。20 世纪 90 年代,法国里昂首次进行夜景规划和设计并成功地举办了城市灯光节。在里昂灯光节的影响下,其他国家和城市也迅速开展了城市夜景照明规划和设计,如澳大利亚的墨尔本、悉尼,美国的盐湖城,俄罗斯的莫斯科,以及韩国、日本、新加坡等。国际照明委员会(CIE)对夜景照明进行了理论研究及实践应用研究后,为城市夜景照明的规划和设计提供了技术性指导文件。

法国里昂每五年进行一轮新的景观照明规划,在强调城市自然形态、表现城市骨架的同时,要求审美与功能兼顾,高度重视景观的装饰性照明,并提出对旅游景区、公园等进行装饰性照明。但规划并未对园林照明,特别是园林植物照明进行专门的研究,也没提供技术性文件。

美国丹佛、盐湖城的夜景主要包括城市公共交通(街道)和公共空间、公园、广场等两个体系,其重点主要是解决照明质量和城市夜间环境安全问题,在园林照明方面主要强调公园景观和公共空间照明及防犯罪照明。新泽西和加利福尼亚重点对城市中心街区和步道照明、园林景观照明进行研究,其方法是:针对城市夜间景观的现状进行详细调查和分析,控制照明技术指标,给出街道照明水平、光色要求、光源选择、照明灯具、照明设施维护、夜晚天空保护、照明能耗推荐值等,但也没有专门针对园林植物的照明技术参数。

罗马园林景观是典型的欧洲形式,在照明实践中着重对历史文化遗迹、古代建筑、古典园林、现代建筑等进行项目类型区分,采用不同的照明方法进行夜景塑造。对城市夜景按照古代、现代两类风格进行夜景照明,古建筑多用高压钠灯和金卤灯等传统光源进行泛光照明或局部照明,如斗兽场内高压钠灯的泛光照明。现代建筑多采用内透光、轮廓光、泛光、点光源等综合照明方式。

德国爱森琳根的园林景观照明,突出城市自然景观和历史建筑,将城堡、重要河道公园、城市园林景观、重要历史建筑作为夜景表现重点,从视觉感受上进行照明控制。

莫斯科夜景规划在照明光色、色温、照明时段等方面提出了具体的措施:对不同的园林景观采用不同的照明光色,尽量还原白天的园林特点;运用灯光语言进行表达,规定城市园林景观、河道主要采用冷白色光配以少量黄色光的方法进行塑造。

伊斯坦布尔在园林景观实践方面重视审美。确定景观类型后,明确照明标准,根据不同功能、不同区域及不同景观特点确定照明光色、光照水平、亮度、显色性等照明技术标准值,对历史建筑、城市轮廓、重要景观区域采取优先、重点照明。

新加坡在 1988 年开展了景观照明实践研究,在实践过程中,主要以建(构)筑物、街区、步道、公园和开放空间为主要塑造对象,对园林照明进行相关规范,指出绿色植被等园林景观昼夜使用自然色光,即什么颜色的植物用什么颜色的灯光表现,且对亮度和照明均匀度、眩光作了技术性控制。

日本大阪在规划夜景照明时,先对城市进行了全面调查,然后再根据城市的地理位置和环境特征、轮廓框架和街区网架,确定照明光色、亮度等技术标准,借鉴国内外夜景建设的经验,采用统一灯光,重点突出个性特征的照明方法。

韩国首尔的夜景规划将城市的自然景观、人文景观、文化景观、功能性景观等进行了区分,以"安全、美观、个性、经济"为建设目标,制订了园林景观照明的粗略计划。

以上这些国家和地区均未对园林植物照明从植物生长、植物生物节律、人工光照与植物生长的关系等方面进行研究，也没有给出这方面的技术参数以供借鉴。

### 1.2.5 LED 光源在园林照明中的应用

20 世纪初，Henry Joseph Round 在碳化硅里观察到电致发光现象。20 年后，德国科学家 Bernhard Gudden 和 Robert Wichard 从锌硫化物与铜中提炼黄磷发光，到 1950 年左右，英国科学家利用半导体砷化镓在电致发光的实验中发明了具划时代意义的 LED，该研究迅速产品化并于 20 世纪 60 年代面世。当时的 LED 仅能发出不可见的红外光，主要应用于感应与光电领域[72]。随后，研究者又在砷化镓的基础上使用磷化物发明了第一个发出可见红光的 LED[73]。

20 世纪 90 年代初，日本科学家中村修二博士发明了蓝光 LED，之后随着蓝光 LED、紫外 LED、蓝紫光 LED、白光 LED 的陆续开发，LED 光源的巨大潜质和贡献得到了肯定。LED 以其优越的性能得到推广，其能量消耗远远低于传统光源，照明效果也比传统光源稳定，耐久度更是传统光源的 10~100 倍。

随着 LED 新型光源市场化，LED 光源在园林照明中的优势不断体现。在实践过程中也发现，LED 光源已基本取代传统光源，成为园林照明中的主要光源，其优点如下：①光效高。目前实验室白光 LED 光效已达到 300 lm/W，可以实现园林照明节能。②光谱范围广。LED 光源光谱能量分布不同于传统光源，尤其是 LED 单色光的光谱能量分布，其光谱域为 20 nm，波长已覆盖红外、红色、橙色、黄色、绿色、蓝色、紫色、紫外等光谱范围，应用中可根据植物光合作用和光形态建成选择相应的波长。③环保。LED 是半导体固体光源，不含铅汞等有害物质，有利于环境保护。④使用寿命长。LED 光源的使用寿命远大于传统光源的使用寿命，有效降低了维护成本。⑤冷光源。LED 光源可有效控制光谱中红外及远红外光谱的分布，减少照射过程中热量对植物的损害。

因此，加强 LED 照明对园林植物生物节律的影响的研究具有重要意义。

## 1.3 国内研究现状及发展动态分析

### 1.3.1 光照强度与植物生物节律的关系

我国有关光照影响植物生物节律的研究主要集中在农林专业及生物学方面，直接针对人工光照影响植物生物节律的研究还属空白，植物对光照强度的反应也是从植物的耐阴性方面开始研究的。植物为了得到满足自身生长所需的最大光照，会改变自身的形态，为了获得更多的光照，会投入更多的生物量在光合器官上，如植物会增大自身的叶片面积及枝条长度等。我国的研究内容还涉及不同植物的生理生化及宏观的形态特征。

在我国园林照明研究方面,天津大学马剑[74]指出,人工照明对植物的影响主要包括破坏植物生物钟的节律、影响植物叶芽的形成,影响植物的休眠和冬芽的形成;北京林业大学苏雪痕[75]通过研究不同光照强度下植物群落的生长发育状况及光合特性等,为不同光照环境下植物的配植应用提出了建议,他认为植物光补偿点可以作为评判植物适应光照能力的一个参考指标。

光照强度可影响植物形态指标,植物会为维持自身的生长充分利用光能。徐程扬[76]的研究表明,在光照强度增强的情况下,紫椴幼苗树冠会向紧密型发展,他指出,植物会根据光照强度塑造树冠结构、枝条长度、叶片形态,并调整种群结构。陈绍云等[77]对不同光照下山茶花的形态、解剖特征和生长发育进行研究得出,山茶花适于低光照强度环境,在遮光率为90%以下的光环境中具有较好的长势。吴能表、张红敏[78]从叶面积指数等植物形态指标出发进行研究得出,植物接收的光照强度减弱会促进植物地上部分能量存储,此时,植物增加叶片数量为机体增大光能获取。张林青[79]通过分析二月兰在4种不同光照条件下的株高及花朵数量的变化情况,指出二月兰在相对照度为33%的光环境中生长最好。严潜[80]在吉祥草光照强度适应性的研究中,通过对吉祥草株高、叶片指标等的测量,得出吉祥草在相对光照强度为7.7%时,单株植物生物量达到最大。徐燕等[81]通过研究西亚高山地区的红桦幼苗的生长情况得出,在夏季光照强度极高的情况下,红桦幼苗生长状况不良。

陈有民[82]、伍世平[83]、王雁[84]、张庆费[85]、郝日明[86]、樊超[87]、陆明珍[88]、陈伟良[89]、徐康[90]、王雪莹[91]等也在植物与光照强度的反应关系方面做了相应研究。李农、王钧锐[92]从理论上指出,阳生植物的人工光照上限应控制在3 000 lx左右;中性植物的可控制在2 000~1 000 lx;阴生植物的可控制在300 lx左右。

在光照强度与植物生理生化指标的关系方面,陈芝[93]研究了光照条件下彩叶植物红花檵木、窄叶石楠等的生理生化指标,得出了植物生理生化指标随光照变化的趋势。于盈盈等[94]研究低光照下大叶黄杨的生理指标及形态指标得出,大叶黄杨具有一定的耐阴能力,同时也在强光照条件下表现出典型的阴生植物特征。裴保华等[95]研究了富贵草的叶绿素含量及光合性能等,确定了富贵草不适于生长于全光照条件,在光照强度为8%~25%的光照条件下更适宜。

植物光合机构只在一定光强范围内有最大的光能利用效率,过强或过弱都会对植物的正常生长造成干扰。光照能够为植物提供同化作用所需的能量,活化光合作用的酶并调节气孔开闭,更能调节光合机构的发育。周治国[96]研究苗期受过光处理的棉花发现,低光照强度下植物通过调整自身光合结构的形态及数量提高自身的光化学效率,此时植物的木质化程度会有所降低。

蔡永立和宋永昌[97]利用解剖学手段对常绿阔叶林叶片的解剖特征进行了比较和因子分析,结果表明,藤本植物叶片结构在不同种类之间具有明显的差异,同种藤本的不同植物体的叶片也存在一定的差异,这些差异除受遗传因子控制外,环境光照也有重要作用。攀缘方式对藤本叶片特征有一定影响,但未表现出规律性。植物叶片表面角质发达,多有茸毛包被,且叶片呈现小且厚的形态。在强光照条件下,植物叶片叶肉组织发达,海绵组织排列紧密,叶片表皮细胞层数增多,体积减小等。何炎红等[98]的研究从7种阔叶树木在不同光照下的荧光特征出发,用光响应曲线转折点作光抑制初始点,得出不同树木抵御光胁迫能力和光适应能力的评价标准。

王竞红[99]以植物的光补偿点、光饱和点等为研究对象,研究了哈尔滨常见灌木的光照特性。许桂芳等[100]测量了在不同光照强度下锦绣杜鹃的叶片形态结构,得出光照对其结构影响大。阳圣莹[101]以虎舌红为试材,进行光照强度对虎舌红叶片色彩的研究,结果得出:虎舌红的培养应该采用低光照强度,低光照可以降低叶片花色素苷降解,在适当的光照强度下,可长时间维持虎舌红的叶片鲜艳程度,延长观叶时间。其他研究也表明,光照强度可以影响植物叶片厚度、植物海绵组织厚度等,但对植物叶片表皮组织厚度、栅栏组织厚度的影响不明显[102]。全光照条件下,植物叶片的栅栏组织排列最密,同时植物叶片含有丰富的叶绿体。低光照条件下,植物叶片的栅栏组织稀疏,叶片叶绿体含量不丰富。光照强度降低时,植物为了获得更多光照会减小叶片厚度、增大叶片面积。栅栏组织细胞相互融合,同时改变组织结构,向粗、短、参差排列形式变化。此时,组织细胞间隙增大,植物细胞器数量增多。

我国在光照强度影响植物生长方面的研究范围较广,所研究的植物品种丰富,但在园林照明光照强度对植物生物节律的影响方面缺乏研究,也没有可供参考的技术参数。在农林专业中,通过观察和分析不同植物的形态,得出了不同植物随光照强度自身形态的变化规律,为园林植物的养护及观赏做出了贡献;在植物生理生化方面,通过对植物光合曲线的研究,利用植物光补偿点、光饱和点对植物生理生化性质进行研究,得出了光照强度与植物生物节律的关系特点,科学地根据天然光照强度合理配植植物,为园林植物设计做出了贡献。

### 1.3.2 光谱能量分布与植物生物节律的关系

光谱能量分布对植物生长的影响因光谱能量、植物种类及繁殖方法不同而有所区别。植物光合作用的强弱由 $400\sim700$ nm 光谱中植物所能吸收的光子数目决定,而与各光谱能量中送出的光子数目并不相关。植物只能接收特定波长的光谱能量作为光合作用的能量,其他波长或过量特定波长的光对植物的生长并没有显著的影响。不同波长的光谱能量可以通过影响植物内源激素水平来实现对植物根茎生长的调节。储钟稀等[103]对黄瓜叶片和咖啡叶片的研究表明,光谱能量分布会影响黄瓜叶片叶绿素含量和咖啡叶片类胡萝卜素含量。另外,也有研究指出,缺乏阳光照射而长势变差的植物,通过合适光谱能量的补光处理,便可促进生长并延长花期,提高花的品质。

植物叶片的着生位置主要取决于蓝紫光和紫外光,橙红光($600\sim660$ nm)和蓝紫光($400\sim480$ nm)对叶片的形成起主要作用。蓝光($450\sim480$ nm)处理后的植物幼苗根系数目多,根系粗壮,生物量丰富,幼苗根系活力强,幼苗吸收面积和活跃吸收面积同时增大[104]。在稻苗根系氮化合物的合成过程中,蓝光光谱促进蛋白质积累[105]。用蓝光照射植物可导致植物茎节变短,同时蓝紫光可提高吲哚乙酸氧化酶的活性,降低生长素(IAA)的水平,抑制植物生长[106]。

孔云等[107]对植物进行蓝光、紫外光照射实验得出:补充紫外光,植物的新梢单叶有变薄的趋势。李韶山和潘瑞炽[108]指出,蓝光会影响植物气孔开闭,延缓植物衰老,对植物的碳水化合物和蛋白质含量等有一系列影响。红光可以降低植物茎伸长的速率,但有研究指出,红光不利于菊花总茎长的增加,但利于作物茎秆增粗[109]。生长素有促进植物茎节伸长的作用,利用 UV-B 对植物进行照射会导致植物初夏矮化[110,111]。邓江明等[112]利用蓝光、白光对水稻幼苗进行照射处理得出:在蓝光的处理下水稻幼苗叶片宽度增加,且水稻叶片以更加舒展的角度生长,红光照射处理不能促使植物叶片变宽,与蓝光处理后的水稻幼苗叶片形态相反。史宏志等[113]在复合光中增加红光比例对植物进行照射研究得出:配比后的光谱对烟草叶面积的增加有促进作用,但叶片变薄,叶重变轻。

张丕方、董崇楣等[114]通过实验得出在相同光照条件下,红光对植物有促进作用,蓝光对植物有抑制作用;蓝光处理烟草,有利于不定芽生成;红光则对不定芽的生长有抑制作用。王绍辉等[115]利用不同光谱的 LED 光源对黄瓜进行补光照射,通过测定维生素 C 含量、蛋白质含量和还原糖含量,确定 LED 光源光谱能量对黄瓜长势的影响。

刘世彪等[116]对中性植物绞股蓝进行全日照光照处理,得出随遮光网的增加绞股蓝叶片变薄,叶面积增大,同时叶片色彩变得深绿;对植物结构进行解剖观测得出,栅栏组织和维管束发育不良,植物海绵组织疏松,细胞间隙变大,细胞内叶绿体数目增多。同时,对荔枝幼苗叶片的研究表明[117],与自然光照相比,遮阴会使荔枝幼苗的叶片显微结构发生变化,如栅栏组织厚度发生变化,但叶片栅栏组织与海绵组织的厚度比降低。

园林植物照明增加了入夜后植物的光照量,打破了植物原本的昼夜生长节律,造成被照植物生理生化作用紊乱。关于园林植物照明人工光源光谱与植物生长的关系,《园林照明光源光谱与植物作用关系研究》[118]一文指出,荧光灯能提供植物生长所需的大部分光谱能量,光谱能量极易被植物吸收,从而干扰植物的生物节律,但荧光灯一般不用于园林植物照明;高压钠灯光谱与金卤灯光谱非连续光谱,仅为植物生长提供局限能量,对植物生物节律影响程度较小。

我国关于光谱能量分布影响植物生物节律的研究主要集中在农林专业。通过研究人工光源蓝光、红光、蓝紫光等光谱对植物生理生化的影响,得出了农业植物及园林植物在不同光谱能量下的生物节律特征,为研究园林植物照明对植物生长方面的影响提供了理论依据及实验依据。但对人工光照下植物微观结构、植物酶活性及植物叶片色素含量等的研究较少。对人工光源不同光谱能量下植物机理,如光合活力、叶绿体运动及其光合特性以及光合速率等的研究基本上还是空白。

### 1.3.3 光照时间与植物生物节律的关系

我国对光照时间影响植物生物节律的研究,多是关于光照周期与植物生理机理方面的。光照时间延长,植物进行光合作用的时间也随之延长,光合作用所产生的碳水化合物更能支持植物的生理代谢等生命活动,但长时间光照刺激光敏色素传导信号,诱导相关基因的表达,也会影响植物的生长[119]。2007 年,鲍顺淑等[120]对铁皮石斛组培苗在不同光照时间下的生长发育进行检测,得出了铁皮石斛的最优生长光照时间。

光照积累促使植物提高叶片内活性氧产生速率和膜脂过氧化程度,降低抗氧化酶的活性,减少植物体对光能的需求,从而降低呼吸速率和光补偿点,以保存能量[8]。植物叶片的解剖结构、叶绿体数目和大小受光强时数影响。光强时数增加,叶绿体数目增多、体量变大、叶绿体基粒和基质片层数量减少且紧密排列,对强光的抵御能力提高。光强时数降低,叶绿体数目减少、体量变小,叶绿体的捕光能力加强,光化学效率增加[121]。

2013 年,徐超华等[122]得出,增加光照时间可以促进烟株光合同化,对烟株植物叶片能量积累有促进作用,但补光时间过长并不利于烟叶生长。也有研究者利用红光 LED 对植物生物效应进行调控,证实了红光 LED 有助于植物干物质积累,能促进植物的光合速率[123,124]。别姿妍[125]通过分析差异光周期下野牛草内源激素等参与相连克隆分组节律的同化过程,得出了光周期对植物节律的影响。

国内报道也指出,由于景观照明及功能照明长时间照射行道树及景观植物,干扰了其生物节律,所以植物无法正常感知季节变化,不能及时进入冬眠状态而被冻死,同时也有因强光长时间照射景观水域而导致大量藻类繁殖的情况。

### 1.3.4 园林照明实践性研究

19 世纪 80 年代,上海电气公司在南京路成立。两年后,上海市大多数街道进行了照明,至此,人们几千年日出而作、日落而息的生活模式被改变了,对我国公共照明的发展起到了划时代的意义,随后国内其他城市受到启发开始进行城市照明。随着改革开放特别是我国城市化进程加快,城市大规模扩张建设,全国几乎每个县级以上城市都由政府主持夜景建设。目前,夜景照明建设主要从各城市特点出发确定照明区域、照明方式、光色运用、动静态灯光表现以及灯光控制,并对节能、环保要求做出了规定。

关于夜景照明的规范,我国颁布了《城市夜景照明设计规范》这一国家行业标准规范,地方标准规范中具有代表性的有《天津市城市夜景照明技术标准》《重庆市夜景照明技术规范》《上海市城市环境(灯饰)照明规范》《北京城市夜景照明技术规范》等。北京市经过多次夜景规划和调整,又颁布了《首都北京夜景照明总体规划和实施方案的建议》《北京颐和园夜景照明规划》《北京王府井商业街夜景照明规划》《北京夜景照明规划》等规范。这些规范根据北京市的政治文化、历史文化、旅游文化,以及北京的城市形态和建筑、园林景观特征确定了照明方式,并以东西长安街为主轴线构成了城市网格状和各公共空间交汇节点;另外,规范还对立交桥梁、重要建(构)筑物、重要城市园林景观绿地、公园、古建筑等的夜景照明提出了专门的照明策略,明确了北京夜景照明以白光、黄光为主要色彩,确定了照度或亮度水平、照明光源、灯具等技术指标。

马剑等[126]在园林照明的实践性研究中,将照明对象分为建筑、动物、植物三大类进行研究并实践于颐和园、天坛的夜景照明工程及技术研究;在园林照明对植物的影响方面,对现有的园林植物类型进行了归类调查研究,绘制了颐和园植物景观地图,并对相关树种进行研究分析,确定了不同植物所能力承受的光谱范围和光照强度阈值,为园林照明的生态保护提供了设计依据。

上海夜景照明规划采用确定技术标准的方法控制夜景的光色、亮度、光污染程度、节能标准、安全性能等;对观看夜景主要景观点、主要景观段,特别是对外滩的古典欧式建筑进行了规划,确定了以多种尺度的泛光照明为主,暖黄色光为主。对岸浦东区域结合泛光、内透光、点光、线光和 LED 变幻图案等多种照明方法,以白光为主,其他色光为辅,使城市建筑文化得到极好的展现。但上海夜景照明规范并未包含园林植物照明的技术参数内容。

园林景观是公共生活的重要组成部分。近些年,夜景建设实践已表明园林景观和照明密不可分,相辅相成。许多发达国家和地区都建有大量的城市夜景照明设施,这些夜景照明设施有较高的艺术水平,表达了人们对城市夜景的审美要求。夜景照明也从侧面体现了一个城市的经济实力和社会发展水平。不同的城市有自身的形象特征,有自己的历史文化、自然风貌和独特的建(构)筑物,因此,夜景照明需对城市景观进行更加细致的艺术刻画,凸显其独特的景观价值。

重庆的夜景照明设计注重重要节点的塑造、城市标志的塑造、历史文化的塑造以及主要轴线的塑造,以夜景节能、环保及安全要求为基础,将夜景区域划分为商业、行政办公、住宅、工业、文教卫生、会展、体育等区块;以灯光对动植物的影响、光污染、光辐射安全以及景观生态保护为前提,对规划范围内照明载体进行竖向分层,从滨江区递次向上至解放碑的建筑分为五个层次,点线面体结合、纵向分层、横向分区,确定不同的亮度等级和照明手法,突出城市形态特征。

在较长一段时间内,我国的园林照明技术发展滞后,照明对象主要是重点建筑物,景观夜景照明的开灯时间不长,照射方式比较单一,如仅用白炽灯对建筑进行轮廓照明等。近些年来,随着经济的发展、城市形象的提升,需要园林照明的地方逐渐增多,如园林道路、景观水体、景观树、园林建筑等,照射对象与园林功能需求的联系也日渐紧密。随着照明科技的发展,照明方法、手段的更加多样化,园林照明已从最早的白炽灯照明,发展到各种光源,进而到如今多样化的 LED 照明和考虑生态的绿色照明等。

重庆大学杨春宇教授指出,"我国城市景观照明已发展到一个特殊的历史阶段,即不断发展的城市景观照明建设和没有一个国家标准来规范这种建设之间的矛盾"。因而,在进行园林植物照明时,一个科学规范的标准是十分重要的。在近年来的古典园林照明中,实施古典园林照明应基于对实体建(构)筑物、动植物的保护,注重"文化遗产"保护,实现传统审美的延承,关注照明主体的多元趋势[127],从植物的生物特性方面考虑照明建设。

### 1.3.5　LED 光源在园林照明中的应用

我国 LED 照明技术近年来取得了巨大的进步,LED 照明行业发展极快,LED 照明已成为我国照明行业主流,园林照明也基本采用 LED 照明产品。随着我国经济的发展,园林照明已成为城市美化和居民夜晚观赏的重要内容。传统光源光效低、光源寿命短、表面温度高、不节能且污染环境,已不再广泛适用于园林照明——在园林照明应用中逐步被 LED 光源取代。经过近十年的发展,我国的 LED 光源在景观照明乃至园林照明中得到了极大的应用,人们对 LED 光源也有了全新的认识。

在 2008 年北京奥运会中,LED 光源以节能环保、科技含量高等特征进入大众的视野,奥运中轴到盘古广场、文化广场的园林植物照明均以 LED 光源为主,为 LED 光源广泛应用于我国园林照明拉开了序幕。在 2010 年上海世博会中,对绿地植物的照明不仅根据植物的种类进行了不同的投光方式,还结合不同环境创造了植物的照明效果,大量以 LED 光源替代传统光源在实现夜景艺术要求的同时大大降低了能耗,奠定了 LED 光源在园林照明中的地位。近年来,LED 光源在园林植物照明中的应用还在不断增多。

# 1.4 研究内容

## 1.4.1 人工光照影响植物生物节律的调查研究

园林植物照明是基于人眼视看的照明,是需要兼顾人眼视觉与植物生物节律的照明。园林植物经过长期进化已经适应了自然光照条件,形成了对日光的适应性和依赖性,所以,在园林植物照明过程中要遵循植物对光照的适应能力,为植物提供良好的人工光照条件。了解人工光照对园林植物生物节律的影响,首先需要对园林照明现状进行调查、测量和分析。我国幅员辽阔,植物品种多样,在有限的研究时间内难以确定每种园林植物的人工光照适应性。本研究所选择的调研对象是经济发展相对迅速、园林照明设施相对完备、园林照明建设任务相对较大且具有一定代表性的城市区域:分析这些区域的园林照明现状,可掌握园林植物照明的光照强度、常用的植物载体;进一步对被照射的植物进行现场拍照、取样、测量等工作,可确定园林植物的科属性质。

园林植物照明的调研包括"一般性调研"与"跟踪观测调研"。一般性调研包括不同光气候区代表城市的园林照明现状;跟踪观测调研集中在重庆市主城区,协调园林管理部门,对园林照明植物进行编号免修剪的维护,该部分工作是整个研究的基础工作。

## 1.4.2 人工光照影响植物生物节律的理论研究

(1)光照影响植物叶片形态特征的理论研究

在园林植物照明中,使用得较多的方式是:将灯具置于植物下部向上照射,植物叶背受人工光照。植物在进化过程中叶背接触日照较少,有较复杂结构及敏感的光照特性。人工光源的光谱能量分布与日光光谱的不同,对植物的影响会体现在植物的生理形态上,主要是受光照植物的叶片形态、叶片叶绿素含量及发芽数量等。基于植物生物节律的园林植物照明研究,需对植物叶片作细致监测,以得出更准确的研究结果,为进一步测量植物光合指标奠定基础。

(2)日光影响植物生物节律的理论研究

日光是植物生长最重要的环境因素。只要有足够的有机养分,植物在黑暗中也能生长,但与日光照射下的正常植株相比,形态上存在着显著差异,因为植物组织的进一步分化由光谱能量分布及光照强度决定。通过对日光下植物净光合速率、气孔导度、蒸腾速率及光合光响应曲线的研究,掌握光照影响植物生物节律的基本内容和规律,为研究人工光照对植物生物节律的影响奠定了理论基础。

(3)人工光照影响植物生物节律的理论研究

园林植物照明增加了植物的光照时间,入夜后植物被迫进行光合作用。人工光照下植物的净光合速率、气孔导度、蒸腾速率及光合曲线都有极大变化,且经过人工光照后,植物日间的光合指标也会随之发生变化。园林植物照明所涉及的物理量包括植物光合有效辐射(PAR)、光量子通量密度(PPFD)、人眼光谱光视效率 $V(\lambda)$ 及光源照度值 $E_v$ 4 个物理量。根据这 4 个物理量的定义函数及各函数之间的关系,即可对日光下植物光响应直角双曲线公式进行修正,推导出符合人工光照下植物光响应直角双曲线修正系数。

### 1.4.3　人工光照影响窄叶石楠生物节律的实验研究

实验植物的培育、养护,光源的测试选择及预实验从 2015 年开始。根据跟踪观测结果,实验选取实验田中园林造景植物石楠属窄叶石楠为实验样本(其广泛生于渝川贵地区,是园林植物照明中的常见植物载体),同时,选择白光 LED(6 000 K)、黄光 LED(3 000 K)、绿光 LED(527 nm)、紫光 LED(425 nm)、红光 LED(640 nm)5 种光源作为实验光源,每种光源设置 3 种不同光照强度,共计 15 组实验,每组实验选用 3 株窄叶石楠(另设 1 组参照组植物,参照组植物仅受日光照射,夜晚不进行人工光照)。所选 LED 灯均为 Cree 芯片光源,为了降低光源光谱差异对实验的干扰,实验前均在光学实验室利用 CL-500A 分光辐射照度计对光源光谱进行测量,符合要求后再使用。

园林植物窄叶石楠的人工光照测量时间选在春季,此时植物生命力强,环境气候稳定,空气温度、天然光照及二氧化碳等对实验结果的干扰较小。实验周期为 20 d/次。实际测定日期为 2016 年 3 月 2 日、3 月 22 日、4 月 10 日、4 月 30 日,共计 4 次。

利用 Li-6400 光合仪测量植物光合速率。每组光源照射后测量新枝顶端第 3 片健康叶片,并标记植物叶片位置。每次测量包括白天测量及夜间测量,白天测量时间为 9:00,记录每组光照植物的光合速率;夜晚测量在 20:00 开始进行,记录人工照明下的植物光合速率。同时在 3 月 2 日及 4 月 30 日进行植物光响应曲线测量。然后比较人工光源照射前后窄叶石楠光合速率变化及光响应曲线变化,从而确定园林照明对园林植物生物节律的影响程度,分析不同光照强度、光谱能量分布对窄叶石楠叶片形态指标及植物生物节律的影响,总结不同光谱能量分布及光照强度与园林植物生物节律的变化关系。

### 1.4.4　计算机技术应用于园林植物照明的研究

人工光照影响植物生物节律的实验测得了海量数据,为了便于数据储存及后期实验数据的整理及添加,本研究利用数据仓库技术进行数据的处理。数据挖掘与数据仓库技术的主要特点是:可以根据算法搜索隐藏于数据中的信息过程,数据挖掘通常与计算机科学有关。基于植物生物节律的植物照明研究是一个综合性研究,本研究通过计算机数据挖掘技术及数据仓库技术,将人工光照强度、光谱能量分布、光照时间及植物净光合速率、蒸腾速率、气孔导度、叶片面积、叶长、叶宽、叶周长、叶形态、叶芽数量及叶绿素含量等实验数据进行统一分析,找出任意物理量之间的关系,确定植物生物节律与人工光照的关系,开发"窄叶石楠园林照明数据仓库"软件,为人工光照影响植物生物节律的实验数据的存储及综合分析提供技术支撑,更为园林植物照明建设提供技术支撑。

## 1.5 研究方法

　　植物生长的光环境,一方面指宏观上整株植物生长所处的光环境条件;另一方面指植物单片叶片所处的环境。由于园林植物照明造成的是植物部分叶片及枝干所处的光照环境的改变,故本研究只针对植物部分生长进行研究。根据人工光照影响园林植物生物节律的理论研究,从人眼光度学与植物光度学的转化入手,本研究在确定实验光照范围后进行园林植物照明实验,并利用 Li-6400 光合仪测量植物光响应曲线、净光合速率、气孔导度、蒸腾速率,以及叶绿素含量等植物生理指标,从而得出人工光照与窄叶石楠生物节律的关系。

　　①调研观测,掌握人工光照影响植物生长规律。

　　针对园林植物照明展开调研,记录并整理园林植物照明常见植物载体、光照强度、光源光谱能量分布、人工光源类型、投射方式、光源功率等内容;通过长期跟踪观测,了解园林植物照明现状,总结植物随光照所显现出的生理变化规律;通过现场跟踪测量,得到园林植物在夜间照明下生长状态的基础数据以及目前广泛应用的光源类型及其光谱能量分布、光照强度及光照时间,并对植物进行取样分析,遴选出具有代表性的园林照明植物载体窄叶石楠。

　　②基于植物学与光学原理,设计人工光照窄叶石楠实验。

　　选择实验地点,设置 3 种光照强度、5 种光谱光源进行光照窄叶石楠的研究,每组照射 3 株窄叶石楠,根据实际园林植物照明设计人工光源的照射角度及照射时间。

　　③运用数学分析方法,分析实验植物叶片指标受人工光照影响的规律。

　　本实验需同时监测人工光照前后窄叶石楠叶片指标参数,利用 SPAD-520 测量植物叶片的叶绿素含量,利用叶面积仪测量植物叶片面积,并记录植物叶芽数量等植物叶片形态指标,利用 AHP 数学分析方法分析实验数据,得出 LED 光源对窄叶石楠叶片形态的影响规律。

　　④利用 Li-6400 光合测量仪,结合非线性回归方法,得出人工光照影响窄叶石楠生物节律的生物模型,得出基于窄叶石楠生物节律的照明指标。

　　利用 Li-6400 光合仪,进行窄叶石楠光合指标的测量,确定人工光照前后植物净光合速率、气孔导度、蒸腾速率等光合指标。利用非线性回归的分析方法进行数据处理,结合 SPSS 软件对植物生物节律指标进行分析,得出符合人工照明的植物生物节律模型,最终得出影响窄叶石楠生物节律的人工照明参数。

## 1.6　拟解决的关键问题

①园林植物照明侧重于人眼视看效果，而植物光合作用则以辐射度量进行评价，无法直接得出人工照明对植物生理生化指标的影响。本研究针对 LED 光源与植物光度学，建立人眼光度学与植物光度学统一的数学模型。

②测量窄叶石楠叶片叶绿素含量，从而得出园林植物叶片色彩变化。实验结束后对植物叶片面积、叶长、叶宽等叶片形态指标进行离体精确测量，并对窄叶石楠发芽数量进行计数，通过数学分析手段，得出园林植物窄叶石楠叶片形态指标随光照变化的规律。

③通过实验进一步确定人工光照对窄叶石楠生物节律的影响，得出人工光照影响窄叶石楠光合指标函数，根据所拟合出的光响应曲线建立光响应曲线模型，并利用直角双曲线公式计算出光照后光响应曲线修正系数。

④运用计算机理论的数据仓库及数据挖掘技术，对人工光照影响植物生物节律实验所得数据进行整合及深度挖掘，得出植物各生理指标之间的隐藏关系。

## 1.7　创新之处

本研究的创新之处主要有：

①首次根据植物生物节律进行园林植物照明研究，利用环境光学理论与植物光学实验相结合的方法，得出基于窄叶石楠生物节律的园林植物照明参数。

②研究人工光照影响窄叶石楠叶片形态指标的变化，分析得出人工光照对窄叶石楠叶片形态影响的规律。

③研究不同光谱能量、光照强度下窄叶石楠光响应曲线的变化规律，建立了不同光谱光照下窄叶石楠的光响应曲线模型。

④采用数据仓库及数据挖掘技术，分析人工光照影响窄叶石楠的实验数据，得出各实验数据间的内在关系及各项生长指标间的联系，为园林植物照明实验的大量实验数据提供了存储、提取与处理平台，具有很强的实用性。

# 2 园林植物照明与植物生物节律的调查研究

## 2.1 调研目标、地点及仪器

### 2.1.1 调研目标

为了掌握目前园林植物照明的光源类型、光照强度、光谱能量分布、光照时间及园林植物的生长等情况,根据实际情况,总结人工照明与园林植物生长之间的关系,为研究人工照明对植物生物节律的影响打下基础。

### 2.1.2 调研地点

园林照明场地一般是公共性较强的市民活动空间,多数分布在经济较发达城市的开放性区域。在不同地区,由于气候、日照量的差异,植物的生理过程有所不同。本次调研地区包括重庆市、北京市、上海市、天津市、长春市、西安市等。我国南方地区气候湿润,适合植物生长。北方地区冬季寒冷干燥,平均气温均低于 0 ℃,冬季植物凋零落叶,这样的气候条件本不利于开展以植物为载体的园林植物照明研究,但仍无法阻止北方地区人民群众对夜景照明的建设需求。北方地区的园林植物照明采用一般性调研方法,对北方城市园林照明调研仅进行拍照、测量,无法进行回。

跟踪观测调研地点主要集中在重庆市。重庆市位于我国第 V 类光气候分区,在中国西南部,长江上游,属亚热带气候,春季(3—5 月),夏季(6—8 月),秋季(9—11 月),冬季(12—翌年 2 月),年平均温度 16~18 ℃,年降雨量 1 017.5 毫米,年平均日照时数 1 000~1 400 h。

### 2.1.3 调研仪器

调研用的设备和工具主要有 XY I—Ⅲ全数字照度计(图 2.1)及 Canon 数码相机。

图 2.1　XYⅠ—Ⅲ全数字照度计

（1）XYⅠ—Ⅲ全数字照度计

XYⅠ—Ⅲ全数字照度计是测量园林植物照明光照强度的重要工具，其详细性能参数见表 2.1。XYⅠ—Ⅲ全数字照度计系统稳定性较高，能够直接显示光源照度值。

表 2.1　XYⅠ—Ⅲ全数字照度计的性能参数

| 技术指标 | 性能参数 |
| --- | --- |
| 动态范围 | 0.01~10 |
| 方向性响应误差 | 优于 4% |
| 精度 | 优于±4% |
| 分辨率 | 0.001 lx |
| 工作温度 | 0~50 ℃ |
| 温度系数 | −0.1%/℃ |
| 刷新频率 | 3 次/s(≥1 lx),1 次/2s(<1 lx) |
| 供电电源 | 9 V 电池 |
| 显示 | 3-1/2 位 LCD 显示 |
| RS232 接口 | 可用于计算机远程监控 |
| 主机尺寸 | 135 mm×72 mm×33 mm |
| 质量 | 250 g |

（2）Canon 数码相机

数码相机是记录园林植物照明光源类型、植物科属性质及植物长势的基本工具。本次调研用的是 Canon EOS 7D 数码相机，其详细性能参数见表 2.2。根据调研要求，以人眼视看 1.5 m 为高度，距园林植物 1~2 m 对植物信息进行拍摄记录，对照明植物色彩进行近距离拍摄,尽量还原植物色彩。

表 2.2　Canon EOS 7D 数码相机的性能参数

| 机身部件 | 性能参数 |
| --- | --- |
| 有效像素/最高分辨率 | 1 800 万/5 184×3 456 |
| 光学变焦/数码变焦 | 0 倍/5,10 倍 |
| 光圈大小 | 3.5~5.6 |
| 快门速度 | 1/60~1/8 000 s(全自动模式) |
| 自动对焦点 | 双十字对焦点 |
| 曝光模式 | 程序自动曝光(P),光圈优先(A),快门优先(S),手动曝光(M),B 门曝光 |
| 对焦方式 | TTL 辅助影像重合,相位检测 |
| 白平衡调节 | 可使用自动、用户自定义、白平衡矫正和白平衡包围曝光 |

## 2.2　调研方法与数据

### 2.2.1　调研方法

园林植物照明时间多在 18:30—22:00,照明时间会根据季节有所调整。园林植物每天被人为地增加 3~3.5 h 光照量,势必会影响其生物节律。根据光照与植物生长形态变化的理论研究,照明中植物各个组织器官的分化、叶片的伸展和增厚、叶色的变化都是调研中需要重点确认的内容。调研时间为 2013—2016 年,分为白天测量与夜间测量,夜间测量的时间选择在 20:00 进行,此时间段调研区域天空完全黑暗且夜景照明光源已达稳定通电状态。测量记录前,首先观测灯具光源的完整性及光源类型、被照植物形体特征、同株植物的被照面与未照射面的生长差异等简单现场情况。

调研包括一般性调研与跟踪观测调研。一般性调研是指:白天观测植物长势与光源类型、夜晚测量光照强度,后期对园林植物照明进行现场回访(但对监测植物保护性要求较低)。跟踪观测调研需固定观测地点,保证观测植物自然生长,不能进行人工修剪,并对植物进行编号,且周期性地对植物生长变化与人工光源进行测量,与植物管理部门沟通,对观测植物进行保护。跟踪观测调研的地点选在重庆市 4 个符合要求的观测点:观测点 1 是重庆市嘉滨路公园(嘉滨苑);观测点 2 是重庆市南滨路公园;观测点 3 是重庆文化宫;观测点 4 是重庆龙头寺公园。各观测点区位见图 2.2。

图 2.2　调研区域分布及现场

对于需要进行长期跟踪观测的植物,需根据植物的生长环境,尽量选取不受其他高大植物、建(构)筑物遮挡的植物,降低自然环境因素的干扰,确保各个调研区域植物生长的土壤、所受日照、温度、降水等环境因素相同。

测量园林植物照明的光照强度的仪器为 XY Ⅰ—Ⅲ 全数字照度计,在现场操作过程中,以照度计多次测量记录与数码相机拍摄光源和被照园林植物相结合的方式进行。鉴于植物的表面不均匀、不稳定、层次复杂等特性,测量时,为防止扰动植物枝叶干扰测量结果,利用钢丝支架托举照度计接收器,将照度计接收器稳定在植物叶面,在植物被照面均匀取点进行多次测量,并计算平均值。为确保调研的准确性,在调研前查询、了解不同调研区域的气候情况、园林土壤情况、近一年的降水情况及日光光照情况等,并从管辖区域的园林单位及维护管理部门获取园林植物照明的光源维护情况、园林植物栽培基本信息以及园林的建设情况等。

### 2.2.2　调研数据

调研完成后,分别整理调研数据,计算园林植物照明光照强度平均值,将调研拍照资料及植物生长资料整理录入表格,形成"人工光照与园林植物生长数据库",部分内容见附录 1 及附录 2。园林植物长势调研数据整理样表见表 2.3。

表 2.3　园林植物长势调研数据整理样表

| 植物名称:杜鹃 | |
| --- | --- |
| 拉丁学名:*Rhododendron simsii* Planch. | |
| 观测时间:2015 年 | |
| 地点:重庆新天地 | |
| 园林照明光源:金卤灯 | 光照强度:3 250 lx |
| 植物长势:植物整体长势良好,顶端茂密,受人工光源照射部分出现植物叶片色彩变浅现象;随着光照时间延长,植物色变化面积变大 | |

## 2.3 园林植物照明现状调研数据及其分析

人工光源光谱能量分布、光照强度、光照时间及光照角度等对园林植物生长影响的研究还非常缺乏。目前园林植物照明照度值普遍偏高,光污染严重,对人行、车行造成影响的同时更影响了园林植物的长势和生物节律。不同植物种类用相同的光源照射,光谱能量分布与植物生物节律、生长规律不适宜,且光源功率普遍过高,运行成本高。经过调研发现,目前荧光灯、金卤灯、高压钠灯和 LED 光源等为园林照明的主要人工光源,除 LED 光源外,其他光源多为以前使用的光源,未进行更换。园林植物照明的部分现状如图 2.3 所示。

图 2.3　园林植物照明部分现状图

### 2.3.1　园林植物照明现状调研数据

对园林照明现状调研的数据进行整理,分别就人工光源光谱能量分布、光照强度对园林植物形态、园林植物色彩的影响等方面进行统计,统计结果如表 2.4—表 2.7 所示。

表 2.4　重庆市嘉滨路公园(嘉滨苑)植物照明统计

| 植物名称 | 平均照度/lx | 光　源 | 生长状况 | 照射距离/cm |
|---|---|---|---|---|
| 紫薇 | 2 340 | LED(白光) | 无明显差异 | 20~80 |
| 银杏 | 3 049 | 金卤灯 | 无明显差异 | 20~80 |
| 黄葛树 | 3 840 | 金卤灯 | 接近光源处,有生长周期提前的情况 | 20~80 |
| 桂花 | 2 150 | LED(白光) | 无明显差异 | 20~80 |
| 罗汉松 | 3 550 | LED(白光) | 接近光源处枝叶泛黄,长势较差 | 20~80 |
| 桑树 | 2 720 | LED(白光) | 无明显差异 | 20~80 |

表 2.5　重庆市南滨路公园植物照明统计

| 植物名称 | 平均照度/lx | 光　源 | 生长状况 | 照射距离/cm |
|---|---|---|---|---|
| 黑松 | 6 165 | 金卤灯 | 靠近光源侧枝叶枯萎 | 20~80 |
| 香樟 | 630 | LED(白光) | 无明显差异 | 20~80 |
| 杜鹃 | 3 380 | 金卤灯 | 靠近光源处,枝叶枯萎泛黄 | 20~80 |
| 黄葛树 | 5 430 | LED(白光) | 枝叶枯萎,长势较差 | 20~80 |
| 榕树 | 1 021 | 金卤灯 | 无明显差异 | 20~80 |
| 毛叶丁香 | 724 | 荧光灯(15W) | 无明显差异 | 20~80 |
| 桂花 | 3 987 | 金卤灯 | 靠近光源侧枝叶枯萎 | 20~80 |

表 2.6　重庆市文化宫植物照明统计

| 植物名称 | 平均照度/lx | 光　源 | 生长状况 | 照射距离/cm |
|---|---|---|---|---|
| 黄葛树 | 2 040 | 金卤灯 | 无明显异常 | 20~80 |

表 2.7　重庆市龙头寺公园植物照明统计

| 植物名称 | 平均照度/lx | 光　源 | 生长状况 | 照射距离/cm |
|---|---|---|---|---|
| 黄葛树 | 8 901 | 金卤灯 | 靠近光源侧枝叶枯萎 | 20~80 |
| 香樟 | 5 988 | 金卤灯 | 无明显差异 | 20~80 |
| 小叶榕 | 6 887 | 金卤灯 | 靠近光源侧枝叶枯萎 | 20~80 |
| 毛叶丁香 | 92.1 | 荧光灯 | 无明显差异 | 20~80 |
| 梧桐 | 2 987 | 高压钠灯 | 光源四周生长周期提前 | 20~80 |
| 石榴 | 4 890 | 高压钠灯 | 靠近光源侧枝叶枯萎 | 20~80 |
| 银杏 | 6 745 | 金卤灯 | 部分枝叶萎蔫 | 20~80 |
| 红花檵木 | 178.4 | 荧光灯 | 无明显差异 | 20~80 |
| 桂花 | 5 450 | 金卤灯 | 靠近光源侧枝叶枯黄、掉落 | 20~80 |
| 杜鹃 | 326 | 荧光灯 | 无明显差异 | 20~80 |

### 2.3.2　园林植物照明现状调研分析

(1)人工光源光谱能量分布的分析

对园林植物照明使用的人工光源进行统计(图 2.4),结果显示,园林植物照明的光源主要以金卤灯、高压钠灯以及 LED 为主。其中,应用得最多的为金卤灯,数量占调研总量的 30%;其次为白光 LED,数量占调研总量的 29%。新建园林植物照明光源主要以 LED 光源为主,在园林植物照明光源更换过程中,LED 光源逐渐取代了传统光源,成为园林植物照明的主要应用光源。调研数据中,白光 LED 的应用数量占调研总量的 29%,黄光 LED 的应用数量占调研总量的 6.8%,红光 LED 的应用数量占调研总量的 5.4%,紫光

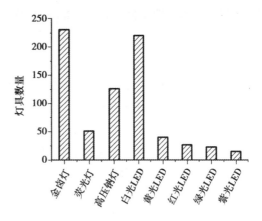

图 2.4　光源类型数量统计图

LED 的应用数量占调研总量的 2.7%,绿光 LED 的应用数量占调研总量的 2.5%。

对园林植物照明中使用较多的光源进行光谱能量分布的测量,可得出光源光谱能量分布(图 2.5)。金卤灯曾是园林植物照明中主要应用的光源之一,主要被应用于乔木及灌木的夜景照明;高压钠灯的光谱呈线性分布,且色温较低,目前在园林植物照明中也有应用;白光 LED 以其较长的使用寿命、高发光效率等特点,正逐步取代传统光源(金卤灯、高压钠灯

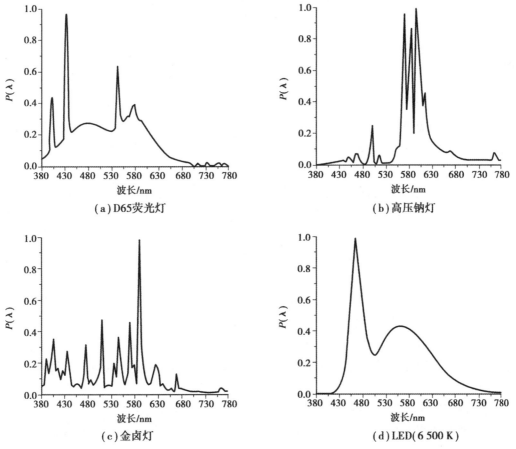

图 2.5　园林植物照明光源相对光谱能量分布

等），成为园林植物照明中使用量最大的人工光源。

（2）人工光源光照强度的分析

园林植物照明在光照强度方面没有统一标准，目前园林植物照明光照强度普遍偏高，且存在互相攀比亮度的现象，光污染较严重。对园林植物照明光照强度应用的数量进行统计（图2.6）后可知，园林植物照明的光照强度主要分布在1 000~4 000 lx，应用的数量占调研总量的74%；重点植物的照明光照强度高达5 000~6 000 lx，占调研总量的14%；点缀照明的光照强度多为1 000 lx及以下，占调研总量的12%。在实际应用中，1 000~4 000 lx的光照强度普遍为人们所接受，它更容易满足人们的审美需求，所以在使用量上更大。

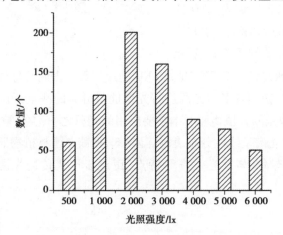

图2.6　光源光照强度数量统计图

（3）人工光照影响园林植物生物节律的分析

根据一般性调研与跟踪观测调研的统计表可知，人工光照会影响园林植物的长势、植物的生长周期、叶片颜色、向光性程度等。对园林植物长势的影响主要通过对重庆市园林植物照明的跟踪观测得出结果。对植物形态及叶片色彩方面的调研属一般性调研的结果。

分析表2.4—表2.7可得出，黄葛树属于阳生植物，4个观测点均采用光谱能量分布相同的金卤灯照射。嘉滨路公园、南滨路公园及龙头寺公园的相对光强分别为3 840 lx、5 430 lx与8 901 lx，3个观测点同时出现光源侧植物生长周期提前，并伴随植物枝叶枯萎的现象；文化宫植物照明光照强度为2 040 lx，植物生长状态无明显异常。

①人工光源与植物生长趋势分析。

桂花属于阳生植物，南滨路公园和龙头寺公园使用金卤灯进行照射，光照强度分别为3 987 lx与5 450 lx。对比后发现，植物靠近光源侧枝叶有枯黄、落叶现象。

桂花在嘉滨路公园使用白光LED投射，靠近光源侧植物枝叶更茂盛，生长情况优于参照组植物。这一情况说明，在相同光照强度范围内，白光LED对园林植物生长具有一定的促进作用。

杜鹃属于阴生植物，南滨路公园使用白光金卤灯照射，相对光照强度为3 380 lx，靠近光源处枝叶泛黄枯萎。龙头寺公园选用荧光灯照射，相对光照强度为326 lx，植株靠近光源侧枝叶无明显异常。

梧桐属于阳生植物，高压钠灯近12小时照射，靠近光源侧植物叶片出现生长周期提前的情况,并伴随部分老叶变黄脱落。这一情况说明,长时间的光照同样会对植物生长造成一定的影响。

由于植物喜光属性不同,相同的光照强度对不同植物生长的影响不同,如黄葛树(阳生)、桂花(阳生)等在较高的光照强度下仍可保持较好的生长状态;而阴生植物杜鹃、罗汉松等在较高光照强度下会出现枝叶偏黄、萎蔫等生长异常状态。人工光源光谱能量分布不同,为植物提供生长所需的能量也不同,经过长期的照射,不同光谱照射下植物也呈现明显的生长差异。

②人工光源与植物叶片色彩变化分析。

人工光源照射导致植物叶片色彩不统一,是影响植物生物节律的又一现象。由于缺乏园林植物照明技术标准,照明光源使用较为随意。同种植物用光照强度差距极大的不同光源照射,会使园林植物叶片色彩发生变化。根据表2.8可知,重庆市主城区园林植物照明以红花檵木、南天竹、杜鹃、巧玲花等灌木为照明载体。其中,同株彩叶植物受人工光照射部分与未受人工光照射部分的叶片色彩差异明显(图2.7)。关于人工光照对植物叶片色彩影响不统一的现象,文章《园林照明对景观植物叶片色彩影响研究》指出:人工光照会影响植物叶片的色彩,相同光照时间内,随光照强度增强彩叶植物色彩会出现由绿变红或由红变绿的现象;或人工光源周围植物叶片产生适光变态,从而使叶片色彩改变,如杜鹃等。园林植物叶片因不同人工光源照射而发生色彩变化,影响了园林植物美感,也无法展现园林夜间景象。

表 2.8 园林照明植物叶片色彩变化的调研统计

| 植物名称 | 叶片色彩比较 | 人工光源 | 平均照度/lx | 照射距离/cm |
|---|---|---|---|---|
| 紫薇 | 叶片色彩无变化,正常 | 底部 3 盏 18 W LED 地埋灯 | 2 340 | 20~80 |
| 木槿 | 靠近光源处,叶片色彩变化,较深 | 底部 3 盏 18 W LED 地埋灯 | 1 123 | 20~80 |
| 杜鹃 | 靠近光源处,枝叶枯萎泛黄 | 250 W 金卤灯 | 1 120 | 20~80 |
| 巧玲花 | 枝叶繁茂,长势良好,正常 | 草坪荧光灯 15 W | 568 | 20~80 |
| 巧玲花 | 枝叶繁茂,长势良好,正常 | LED 地埋灯 | 2 800 | 20~80 |
| 南天竹 | 靠近光源侧,叶片颜色偏墨绿,无照明侧橙红,非常深 | 250 W 金卤灯 | 420 | 20~80 |
| 木槿 | 靠近光源侧枝叶枯萎 | 2 盏 250 W 金卤灯 | 750 | 20~80 |
| 红花檵木 | 靠近光源侧叶片色彩鲜艳,非常浅 | 草坪荧光灯 15 W | 300 | 20~80 |
| 巧玲花 | 靠近光源侧叶片色彩鲜艳 | 草坪荧光灯 15 W | 92.1 | 20~80 |
| 红花檵木 | 靠近光源侧叶片色彩鲜艳 | LED 12 W | 178.4 | 20~80 |

续表

| 植物名称 | 叶片色彩比较 | 人工光源 | 平均照度/lx | 照射距离/cm |
|---|---|---|---|---|
| 南天竹 | 靠近光源侧叶片色彩鲜艳 | 草坪荧光灯 15 W | 325 | 20~80 |
| 南天竹 | 靠近光源侧叶片颜色偏绿，较深 | 250 W 金卤灯 | 510 | 20~80 |
| 南天竹 | 靠近光源侧叶片颜色偏绿，较深 | 250 W 金卤灯 | 499 | 20~80 |
| 木樨 | 靠近光源侧枝叶枯黄，色彩较深 | 底部 2 盏 400 W 金卤灯 | 1 060 | 20~80 |
| 杜鹃 | 靠近光源侧叶片色彩较浅 | 草坪荧光灯 15 W | 326 | 20~80 |
| 南天竹 | 靠近光源侧叶片色彩较深 | 荧光灯 15 W | 220 | 20~80 |
| 红花檵木 | 靠近光源侧叶片色彩鲜艳 | 金卤灯 150 W | 300 | 20~80 |
| 巧玲花 | 靠近光源侧叶片颜色较浅 | 250 W 金卤灯 | 400 | 20~80 |
| 石楠 | 靠近光源侧叶片鲜艳 | 250 W 金卤灯 | 370 | 20~80 |
| 巧玲花 | 靠近光源侧叶片色正常 | LED 地埋灯 | 4 447 | 20~80 |
| 红花檵木 | 靠近光源侧叶片色彩鲜艳 | LED 地埋灯 | 4 000 | 20~80 |

图 2.7　人工光照影响植物叶片色彩

不同光照强度下，对同株红花檵木叶片进行色彩比较(图 2.8)得出：在金卤灯、荧光灯及 LED 光源照射下，随着光照强度增强，植物叶片色彩逐渐减淡，偏向于淡红色。

③人工光源与植物形态变化分析。

为了获得更多的光照，向光侧植物体生物量会增大，以利于植物自身光合作用，使植物维持更好的生长。对高等植物而言，向光性主要指植物地上部分茎叶的正向光性，包括枝叶

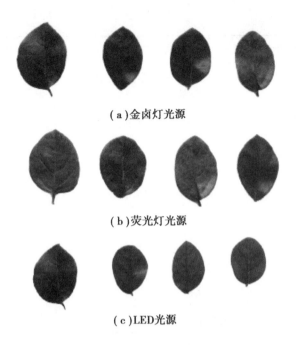

（a）金卤灯光源

（b）荧光灯光源

（c）LED光源

图 2.8　不同光照强度下植物叶片的色彩变化

的生物量等。不同光气候地区天然光照条件的不同，引起植物不同程度地向光生长，对园林植物的形态美观破坏性极大。园林植物照明的光源投射方向，会对园林植物的形态造成一定影响，如枝条长度、粗细及植物叶片大小等。上海市及重庆市植物向光性生长方面的调研统计见表 2.9。

表 2.9　园林植物向光性调查统计

| 植物名称 | 园林植物照明情况 | 长势情况 | 苗龄/年 | 地　点 |
|---|---|---|---|---|
| 红花檵木 | 荧光灯 | 顶端茂盛，向地侧植物叶片稀疏，着色不均 | 3～5 | 重庆大学植物园 |
| 黄杨 | 无 | 顶端茂盛，向地侧枝叶稀疏 | 2～3 | 重庆大学植物园 |
| 海桐 | 金卤灯泛光照明 | 顶端茂盛，向地侧稀疏，夜景照明侧叶片数量明显多于未照明一侧 | 3～5 | 重庆大学植物园 |
| 石楠 | 荧光灯 | 顶端茂盛，植株顶端叶片色泽艳丽、红色；向地侧叶片量少 | 3～5 | 重庆大学植物园 |
| 杜鹃 | 无 | 顶端叶片丰满，向地侧植物叶片狭小、色泽暗淡 | 3～5 | 重庆大学植物园 |
| 女贞 | 金卤灯泛光照明 | 顶端植物叶片翠绿茂盛，向地端枝叶干枯。有照明一侧新叶多 | 5～7 | 重庆大学植物园 |
| 冬青 | 无 | 顶端茂盛，叶片肥厚 | 3～5 | 重庆大学植物园 |
| 米兰 | 金卤灯泛光照明 | 顶端茂盛，叶片肥厚，新叶多，向地侧新叶少 | 3～5 | 重庆大学植物园 |

续表

| 植物名称 | 园林植物照明情况 | 长势情况 | 苗龄/年 | 地 点 |
|---|---|---|---|---|
| 石楠 | 白光 LED | 顶端茂盛,植株顶端叶片色泽艳丽、红色;向地侧叶片量少 | 2~3 | 重庆天地 |
| 杜鹃 | 无 | 顶端叶片丰满,向地侧叶片狭小、色泽暗淡 | 2~3 | 重庆天地 |
| 海桐 | 无 | 顶端茂盛,向地侧稀疏 | 2~3 | 重庆天地 |
| 黄杨 | 无 | 顶端茂盛,向地侧枝叶稀疏 | 2~3 | 重庆天地 |
| 桂花 | 白光 LED | 向光侧叶片饱满、色泽艳丽 | 2~3 | 重庆天地 |
| 山茶 | 无 | 向光侧叶片饱满、色泽艳丽,背光侧叶小且薄 | 2~3 | 重庆天地 |
| 迎春 | 无 | 向光性明显 | 5~7 | 重庆步行街 |
| 苏铁 | 金卤泛光灯照明 | 向光性明显 | 3~5 | 上海南京路 |
| 蔷薇 | 无 | 向光性明显 | 3~5 | 重庆步行街 |
| 红花檵木 | 金卤灯泛光照明 | 顶端茂盛,向地侧叶片稀疏、着色不均,夜景照明侧叶片色彩优于另一侧 | 3~5 | 上海商业步行街 |
| 石楠 | 金卤灯泛光照明 | 顶端茂盛,向地侧叶片量少 | 3~5 | 上海商业步行街 |
| 杜鹃 | 金卤灯泛光照明 | 顶端叶片丰满,夜景照明侧枯萎 | 2~3 | 上海商业步行街 |
| 柏 | 金卤灯泛光照明 | 植物向光性不明显 | 3~5 | 上海南京路 |

由于天然光光照角度及日照量等的不同,园林植物生长形态发生向光性的偏移,不利于园林植物造景及植物的健康。根据表 2.9 可知,植物照明对园林植物的生长及形态(主要对植物叶片量及叶片大小)具有一定的诱导作用,且对不同植物的影响程度不同。重庆市园林植物种类繁多、造景形式多样,由于光照原因,园林植物多呈现出顶端茂密,花朵集中盛开于灌木顶端,向地侧枝叶稀疏、叶片狭小、色泽暗淡或着色不均匀、无花或少花等向光现象,同株植物的向光侧及背光侧呈现出生长及形态差异,叶片量与叶片大小有明显区别。园林植物照明多选用金卤灯、高压钠灯及 LED 等,光源投射多从叶背进行。人工光源侧植物叶片数量、叶片大小等生物量普遍多于未受人工光照面。

上海市园林植物的向光生长十分明显,同株植物的向光侧及背光侧生长差异明显,长势极不均匀,同一区域的植物向光生长极具规律性。植物出现整株或者整片区域的向光性生长,植物茎节向光性十分明显,向光侧植物枝叶茂密,叶片数量多、叶片面积大且叶片肥厚;背光侧枝叶萎蔫稀疏,尤其是植物靠近地面部分,枝叶生长极度不良。生长在建筑物及构筑物附近的植物,大部分生长向远离建筑物一侧弯曲,即使经过后期人工维护仍无法达到园林造型的艺术性要求。园林植物照明多选用白光 LED 或黄光 LED、金卤灯、高压钠灯等人工光源,同一园林区域照明功率基本相同。上海南京路园林照明将光源隐藏于植物背光侧,对植物形态具有一定的矫正作用,但仅表现为植物叶片量增多及叶片肥厚。

(4)综合分析

对植物的观测调查结果显示,人工光源对园林植物生物节律具有一定的影响。植物能够根据外部环境的变化调节生理及代谢过程,以确保自身周期及生物节律等与环境协调,确保自身生存。植物生物节律是植物在长期的进化过程中不断与环境协调形成的适应机制,是植物内在且复杂的精密生理调节系统。人工光照对植物的叶片色彩、叶片形状、大小以及生长周期均有明显的影响。

同时,长期的观测结果也显示,人工光源的持续照射,对园林植物形态遗传方面也具有一定的影响。经过长期的人工光照,光源附近的植物叶片色彩、叶片形状、大小等改变仍可在次年生长的新生发枝条处可见(仅多年生落叶植物)。

根据调研可知,受人工光照的园林植物均不同程度地受到人工光源的干扰。在进行植物照明时,光照强度应根据植物适光特性进行控制,保持光照强度符合植物光照特性。选择合适的光源照射并控制光照强度,既可激发植物光合作用又不损害植物生理健康。

## 2.4　本章小结

本章主要描述通过 3 年的跟踪观测,人工光照影响园林植物生长的特点。根据不同地区、不同园林植物照明下,植物类型、长势、叶片色彩、向光形态及常见照明光源的类型、光照强度、光源光谱能量分布及光照时间等的调查和测量得出:在光源的使用上,LED 光源已逐步取代传统光源,成为园林植物照明的主要光源类型,其中以白光 LED、黄光 LED 的应用量最多,搭配以红色 LED、紫色 LED 与绿色 LED;在光照强度上,园林植物照明的光照强度多集中在 1 000~4 000 lx。无指导标准的园林植物照明严重影响了植物的生物节律。

在园林植物照明与植物生物节律方面:受人工光源照射的植物叶片色彩、叶片形态、叶片数量均有变化。受人工光源照射部分,植物枝叶出现萎蔫、干枯、死亡,或植物新叶大量生长、叶片革质等现象。在园林植物照明实践过程中,光源隐蔽于园林植物的避光面,对园林植物的形态起诱导作用,主要表现在植物叶片量增多、叶片面积变大等。

在园林植物照明与植物遗传方面:通过调研发现,经过长期的光照,在植物次年生长的新生枝条处仍可见植物叶片色彩及叶片形状的改变(仅落叶植物)。

# 3 人工光照与植物生物节律关系的理论研究

园林植物照明主要是为塑造夜景美观而进行的人工光照射,是基于人眼视看的效果照明,不同于植物生长需求的光度量。对园林植物每天延长 3.5 h 左右的人工光照时间,破坏了植物进化过程中形成的"光—暗"循环周期。在植物进化过程中,叶背接触日照少、结构复杂敏感、有较特殊的光照特性,植物根据外界光环境的变化会调整自身生物节律,以保持自身与外界光环境的协调。根据前期的跟踪观测可知,园林植物受人工光照干扰后会调整自身生物节律,表现出间接与直接的变化。间接的生物节律变化表现在植物的长势和形态变化、植物叶片色彩等方面;直接的生物节律变化表现在植物光合指标变化上。研究人工光照对植物生物节律(包括植物净光合速率、气孔导度、蒸腾速率等)的影响,首先需要掌握日光与植物生物节律的关系,进而研究人工光源光谱能量分布、光照强度与植物生物节律的关系,同时完成不同物理量之间的转换,包括人感觉的光度量与光辐射、人感觉的光度量与植物光度量,从而建立植物光度学与人眼光度学的联系,确定不同光照下植物光合指标的变化规律,以及以植物生物节律为基础的园林植物照明方案,解决园林植物照明影响植物生理的问题。

## 3.1 光照与植物叶片指标变化的理论研究

对影响植物生物节律的人工光照的研究,需对植物叶片作细致监测,以得出更准确的研究结果。植物生长受大量内源激素的影响且随机性强,是一个复杂的过程,目前,多通过提取影响植物生长的重要参数来反映植物生长状态与外界条件的关系。人工光照光谱能量分布与日光光谱能量分布不同,对植物的影响主要体现在植物的生理形态上,如植物的叶片形态、植物叶片叶绿素含量及植物的发芽数量等。

植物能够吸收 400~700 nm 光谱能量,且各光谱能量分布对植物生理特性影响不同。植物学家 Mc Cree 通过对大量文献的总结及对 22 种植物物种数据进行整理得出了植物的相对量子能量,即植物对光能的相对吸收速率 $P(\lambda)$。基本上所有植物均具有相同的光反应模型,且呈现出红蓝光光谱吸收能力强,绿光光谱吸收能力弱的特点。

光源光谱能量分布在 400~450 nm(紫光)将影响植物光周期效应,阻止植物茎伸长;叶绿素 a 与叶绿素 b 吸收率逐渐升高。此时植物的光合效应及发芽率增高,根据植物光合敏感曲线(图 3.1),此光谱段植物的有效光合吸收能量计量可表示为

$$PAR = \int_{400}^{450} P(\lambda) d\lambda$$

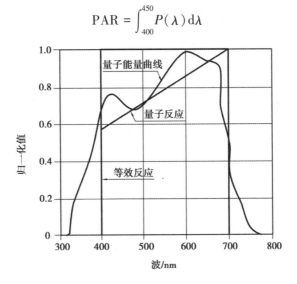

图 3.1　理想植物光合敏感曲线

图片来源:参考文献[128]

光谱能量分布在 450~480 nm(蓝光),叶绿素吸收率降低,类胡萝卜素吸收比例增大;同时抑制植物叶片扩大、植株增高;植物光合效率升高,发芽率下降,函数可表示为

$$PAR = \int_{450}^{480} P(\lambda) d\lambda$$

光谱能量分布在 480~550 nm(绿光),叶绿素合成达到最低值;植物的光合作用仍然不断升高,加剧植物新陈代谢、碳水化合物合成及硝酸盐的形成;花芽数量降到最低,函数可表示为

$$PAR = \int_{480}^{550} P(\lambda) d\lambda$$

光谱能量分布在 550~600 nm(黄光),植物的光合作用、花芽率数量及开花数量开始升高,函数可表示为

$$PAR = \int_{550}^{600} P(\lambda) d\lambda$$

光谱能量分布在 600~640 nm(橙光),叶绿素 b 达到最高值,叶绿素 b、光敏色素蛋白含量的吸收速率开始升高;植物的光合作用、发芽率以及开花数量不断上升,函数可表示为

$$PAR = \int_{600}^{640} P(\lambda) d\lambda$$

光谱能量分布在 640~750 nm(红光),植物的光合作用、发芽率及开花数量都达到峰值;此时叶绿素含量及光敏色素蛋白含量也最高,函数可表示为

$$PAR = \int_{640}^{750} P(\lambda) d\lambda$$

### 3.1.1　光照与植物叶片形态变化的理论研究

叶片作为植物的光合器官,控制着植物的生理和物理过程。向光性使植物为了获取光照而改变自身生长形态及生物量,如植物叶片疏密度的变化、植物叶片面积的变化等[129]。当光照条件发生变化后,植物地上部分和地下部分能量分配模式发生变化,更多的生物量分配到植物的茎叶上,从而控制植物对光能的捕获,或将更多生物量分配到植物根部,促进根系对矿物质及水分的吸收[128]。光照对植物生物节律的间接影响体现于植物的形态变化。植物生物量分配是植物对外界环境压力的综合反映。它代表了植物体内所有生理生化对生长环境响应的结果,植物对外界光环境变化的生长形态变化包括植物叶片色彩、植物叶片形状、植物枝芽(叶片数量)等。这种植物特性破坏了园林植物造景的功能及美观,也不利于园林植物的健康,有研究指出,在减少光照的条件下,植物叶片面积会增加,从而扩大植物叶片对光量子的吸收,提高植物对光能的利用率。植物叶片形态是研究植物物种形态变异和分化的指标,由它可推测出植物受外界环境干扰的变化,其表达式为

$$f = 4\pi\alpha/p^2 \tag{3.1}$$

其中,$f$ 为形状因子,$\alpha$ 为叶面积,$p$ 为叶周长。该公式用于计算植物叶片形状因子,能够有效地确定植物形态变化程度。

### 3.1.2　光照与植物叶片叶绿素含量的理论研究

光照与植物生长及植物叶片色彩变化有密切关系。植物色素合成及促进色素合成酶的活性受光源光谱能量分布、光照强度、光照时间等的影响。分布在 100～400 nm(紫外光)和 400～520 nm(蓝光)的光谱能量对植物叶片色彩表达起主要作用。在此光谱段中,植物叶绿素与类胡萝卜素会增大吸收量,从而使植物叶片色彩发生改变;其他光谱段或较高的光照强度会破坏植物叶绿素,此时类胡萝卜素比例上升,植物即会呈现橙色或橙红色,如某些植物会在高光照下叶片色彩愈加鲜艳。植物光敏色素等也会根据光照进行传导,从而控制植物色彩基因的表达,控制植物季节性叶片色彩改变。

光量子会激发聚光色素系统的色素分子,使其变为激发态,并以共振方式进行传递,在类囊体中一个寿命红光量子可以在 $5\times10^{-9}$ s 内将能量传递给几百个叶绿素 a,叶绿素 a 能够吸收 90% 的类胡萝卜素光能,叶绿素 b 吸收的光能可以全部传给叶绿素 a。聚光色素吸收、聚集大量的光能后将其传递给反应中心的色素分子。根据所测光源光谱能量分布图(图 2.5)可知,人工光源中引起植物叶片色彩变化的主要光谱是蓝光光谱。白光 LED 中蓝光光谱能量成分较高,能够诱导植物新叶的生发及叶片老化,进而改变植物叶片色彩,是导致植物叶片色彩变化的主要光源。

人工光源在农业植物生长方面的应用已有现成的实验数据[130]。在植物生长方面,人工光源主要有硬化植物外壳、促使某些植物变色、增加抵抗力、矮化植株等作用。本书作者在已发表的论文《园林照明对景观植物叶片色彩影响研究》中指出:植物能根据光照强度的不同调节自身适应性,改变自身叶片色彩[131]。光谱是影响植物色彩变化的诱导信号[132],延

长光照时数会促进植物的生长或延长生长期,扰乱其生物节律[65],从而使植物的叶片色彩发生变化。有研究指出,植物叶色在红光下叶绿素积累最多,蓝光下植物叶绿素含量偏少[133,134]。还有针对石楠的研究发现,由于光照强度高,石楠花色素苷发生降解,从而导致叶绿素含量升高,植物叶色变绿——可见叶绿素含量直接关系到植物叶片色彩。

### 3.1.3 光照与植物叶芽数量的理论研究

叶芽是由木本植物的幼体发育而成的,与前期植物体所处的环境关系密切[135],植物的叶芽可分化为花芽,叶芽数量的多少关系着植物的茂盛情况及植物的花期。叶芽的分化是一个复杂的形态建成过程,叶芽开放后形成的芽称为枝芽,具有偏细长的形态特点,与花芽在形态上差距较大,叶芽顶端的生长点为芽轴,周围有叶原基及芽原基。窄叶石楠的叶芽是指窄叶石楠的鳞片裂开,叶芽上出现新鲜颜色的尖端。受人工光源照射改变植物内源激素含量,从而使植物的叶芽数量有所变化。有研究结果表明,不同波长的光谱能量分布通过与其相关的色素作用而影响植物体内激素[136],从而调节植物的花芽与叶芽生长,如 $600 \sim 700$ nm 的红光能够有效促进叶芽的生发。

## 3.2 光照与植物生物节律的理论研究

植物的呼吸作用等生理过程在无光照下仍然进行,但植物的光合作用仅在有光照的条件下进行。光合作用(photosynthesis)是绿色植物在可见光的照射下,将二氧化碳和水转化为有机物,并释放出氧气的过程。光是光合作用的能量来源,光合作用对光能的需求是一种高能反应,是叶绿素形成和叶绿素发育的必要条件,也是光合作用关键酶合成和促进气孔开闭的能量。同时,光信号通过光受体控制植物形态建成、改变植物生理形态。人工光源对植物的影响直接体现在植物的光合作用上[137],园林植物照明首先改变的是入夜后植物的光合作用,经过阶段性的人工光照积累,势必会改变植物的形态特征。

在植物的光合作用过程中,部分二氧化碳没有被释放出植物体细胞,研究者利用光合仪测量植物的二氧化碳吸收量,即,植物从外部吸收二氧化碳的过程称为植物净光合作用(net photosynthesis),可表示为

$$总光合速率 = 净光合速率 + 呼吸速率$$

当光照达到某一强度时,光合作用所固定的 $CO_2$ 与呼吸释放的 $CO_2$ 相等,这时植物既不发生氧的净交换,叶片也没有任何物质净积累,此时的光照强度称为植物的光补偿点(light compensation point)。在达到光补偿点前,光照是植物光合作用的限制因素,光合速率与光照强度成正比例;当光照强度超过植物的光补偿点后,随着光照强度的不断增强,植物光合速率不断上升,当光照强度超过一定范围后,植物的光合速率随光强增大逐渐降低,直至光合

速率不再增加,此时的光照强度,即为植物的光饱和点(light saturation point)。植物的光补偿点、光饱和点与植物品种、叶片厚度、单位叶面积及叶绿素含量等有直接关系,此曲线称为植物的光响应曲线(图3.2)。

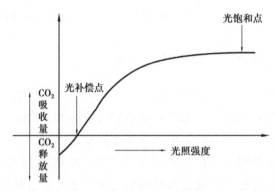

图3.2　植物光补偿点、光饱和点示意图

植物的光补偿点是园林植物照明的关键点之一,光照强度低于植物的光补偿点,植物所积累的干物质大于零,即此时的净光合速率为0。在园林植物照明中,光照强度高于光补偿点时,植物能够进行能量积累,引起园林植物形态的改变;光照强度在光补偿点以下,植物净光合速率小于0,此时,植物不进行能量积累,但植物的光合指标仍然会发生改变。在植物光度学中,一般阳生植物的光补偿点为 $9 \sim 18$ $\mu mol$ photons/($m^2 \cdot s$),而阴生植物的则小于9 $\mu mol$ photons/($m^2 \cdot s$),植物光补偿点的实践意义重大。利用人工光照射植物会影响植物的光补偿点,这是对植物生物节律影响的重要标志,也是后续实验的重要理论基础。

### 3.2.1　光照与植物净光合速率关系的理论研究

光合作用涉及植物光能的吸收、能量转换、电子传递、ATP 合成、$CO_2$ 固定等一系列复杂的物理和化学反应过程。植物光响应曲线分为 3 个阶段:①光照强度较低的情况下,植物光合有效辐射 PAR 小于 200 $\mu mol$/($m^2 \cdot s$),此时净光合速率与 PAR 正相关;②$P_n$ 随着 PAR 的升高而曲线式增高,此时净光合速率 $P_n$ 受温度、$CO_2$浓度、光照强度等因素限制;③净光合速率 $P_n$ 不再随 PAR 的升高而增高,$P_n$ 达到光合作用的光饱和,而不再随光照强度升高而继续升高。

1935 年,Baly 提出用直角双曲线模型公式来表示植物净光合速率与光照的关系,表达式为

$$P_n = \frac{\alpha I P_{n\max}}{\alpha I + P_{n\max}} - R_d \tag{3.2}$$

其中,$P_n$ 为植物叶片的净光合速率;$I$ 为光照强度;$\alpha$ 为植物光响应曲线的初始斜率;$P_{n\max}$ 为植物最大净光合速率;$R_d$ 为植物暗呼吸速率。对式(3.2)进行求导,得

$$P'_n = \frac{\alpha P_{n\max}^2}{(\alpha I + P_{n\max})^2} \tag{3.3}$$

由此可知,当 $I=0$ 时,$P'_n=\alpha$,即当光照强度为 0 时,植物的光响应曲线斜率 $P'_n$ 大于 0,由于 $P'_n$ 大于 0,则式(3.3)为无极值函数。可见 Baly 的生物模型为一条没有极值的渐近线,则该模型公式不能准确地表达最大净光合速率 $P_{n\max}$ 及饱和光照强度。所以,需要对该模型进行修正才能准确地表示植物的光响应曲线。叶子飘等根据 $CO_2$ 在叶片气孔中扩散的物理过程,利用分子扩散及碰撞理论,结合流体力学与植物光合生理等相关理论,对植物光响应直角双曲线进行修正,推导出植物叶片的净光合速率($P_n$)与光照强度的关系[138-140],表达式为

$$P_n = \alpha I \frac{1 - \beta I}{1 + \gamma I} - R_d \tag{3.4}$$

其中,$P_n$ 为植物叶片的净光合速率;$I$ 为光合有效辐射,即光照强度;$R_d$ 为暗呼吸效率;$\alpha$ 为光响应曲线的初始斜率;$\beta$ 为修正系数;$\gamma$ 为植物叶片光响应曲线的初始斜率与植物最大光合速率之比,$\gamma = \alpha/P_{n\max}$。该修正模型弥补了 Baly 模型无法计算出植物光饱和点的缺陷。直角双曲线修正模型可用于计算植物在光饱和点最大光照强度时的光合速率,还可拟合植物在饱和光强之后光合速率随光强的增加而下降这一光响应趋势,更能直接利用实测结果对不同光照强度下不同植物光响应曲线进行修正系数 $\beta$ 求解。通过实验结果拟合,直角双曲线修正模型与 Li-6400 光合仪实测光响应拟合曲线完全相同。

### 3.2.2 光照与植物光响应曲线关系的理论研究

光响应曲线(light response curve)是光强、植物净光合速率之间的线性关系的体现,能够利用数学模型进行表示,且是植物光合效率高低的评判标准。植物生理生化过程的研究均以光响应曲线所指的生理指标为研究基础,包括植物的表观光量子效率(AQI)、最大净光合速率($P_n$)、光饱和点(LSP)、光补偿点(LCP)、暗呼吸速率($R_d$)等。研究人工光照影响植物生物节律的关系,就是研究人工光照前后植物光响应曲线修正系数的关系。从不同模型提取的光响应参数和指标存在差异,适宜的光响应曲线模型是后续研究的可靠依据。根据 Baly 的光响应直角双曲线修正模型,可对式(3.4)的系数 $\beta$ 进行修正,得到

$$\beta = \alpha I - \frac{(1 - \gamma I)(P_n + R_d)}{I^2 \alpha} \tag{3.5}$$

人工光源光谱能量分布与日光光谱能量不同,测量出人工光源光谱能量分布下的植物光响应曲线,并根据式(3.5)对不同光照条件下修正系数求解得,可得出人工光照影响植物净光合响应曲线的修正系数 $\beta$。

### 3.2.3 光照与植物气孔导度的理论研究

植物光合作用的另一重要内容即是气孔导度的研究。植物通过气孔可以与外部环境进行物质交换,如 $CO_2$、水等的散失及吸收。植物气孔开闭程度,即气孔导度,在调节植物适应环境变化和环境压力中起着重要作用。夜晚光线很弱,气孔导度会明显降低,空气中的 $CO_2$ 由气孔扩散到叶绿体中,进入气孔的 $CO_2$ 扩散到光合组织细胞间隙中,在光的作用下发生羧酸化作用,这实际上是由 $CO_2$ 密度的不均匀而引起的质量迁移。基于叶片表层 $CO_2$ 浓度及

空气湿度不变的稳定状态,Ball-Berry 模型揭示了植物净光合速率与植物气孔导度之间的线性关系,这一模型是根据实验条件构建的半经验模型,即

$$g_s = m \frac{P_n h_s}{C_s} + g_0 \tag{3.6}$$

式(3.6)即为气孔导度模型,其中,$g_s$ 为气孔导度;$m$ 和 $g_0$ 为经验系数;$P_n$ 为净光合速率;$h_s$ 为大气相对湿度(%);$C_s$ 为叶表面空气中 $CO_2$ 的浓度;$P_n h_s / C_s$ 为气孔导度指数。

叶子飘等[141]根据物理学中分子扩散和碰撞理论、流体力学与植物的生理学关系,推导出叶片气孔的机理模型,利用直角双曲线修正模型与气孔导度模型进行耦合,得出植物叶片的气孔导度与光照强度的响应关系式,即

$$G_s = \mu I \frac{1 - \beta I}{1 + \gamma I} + G_{s0} \tag{3.7}$$

在利用 Li-6400 光合仪测量时,叶片气孔导度与净光合速率同步,其中 $G_s$ 为气孔导度,$G_{s0}$ 为经验系数,令 $\mu = \dfrac{\alpha}{4\eta C_s}$,$G_{s0} = G_0 - \dfrac{R_d}{4\eta C_s}$($\eta$ 表示单位时间进入气孔的二氧化碳的质量;当 $\eta$ 为 0 时,进入气孔的二氧化碳没有参与光合作用;当 $\eta$ 为 1 时,进入气孔的二氧化碳全部用于光合作用;当 $0<\eta<1$ 时,进入气孔的二氧化碳部分用于光合作用),根据分子扩散和碰撞理论、流体力学和植物光和生理等,将式(3.7)进行简化,可推导出

$$g_s = \frac{1}{4\eta} \frac{P_n}{C} + g_0 \tag{3.8}$$

### 3.2.4  光照与植物蒸腾速率的理论研究

蒸腾作用是植物以蒸汽的形式散失水分的过程。光照提升叶面温度,增加植物体内外蒸汽压力,诱导植物叶片气孔开闭的同时提高植物的蒸腾速率。蒸腾速率所产生的拉力促进植物体内水分的运输,此时,植物根系不断从土壤中吸收水分,促进了植物营养元素的吸收,且蒸腾作用使植物蒸发水分,以达到降低植物体温的作用,保护自身组织不被侵害。

为了减少水分的蒸腾,植物叶片形成缜密的结构,如分布在下表皮下的气孔及表皮上细密的茸毛。蒸腾作用对植物的生命活动有重大意义,蔡永萍等[142]人的研究指出植物蒸腾速率与气孔导度正相关,即

$$E_p \propto G_s$$

其中,$E_p$ 为植物蒸腾速率,$G_s$ 为植物叶片气孔导度。

## 3.3 园林植物照明光响应曲线修正系数

### 3.3.1 园林植物照明光度量的理论研究

光是客观存在的一种物质,与人的主观感觉密切联系。园林植物照明是基于人眼视看的照明,不是植物的光量子度量。人类视觉通过眼睛来完成,眼睛等效于一个焦距可变的凸透镜,如图 3.3 所示。人眼视网膜的杆体细胞及锥体细胞可接收经过折光系统的光线,色光信号又经过感光细胞传输到神经节内,然后再传输到大脑皮层视中枢神经。

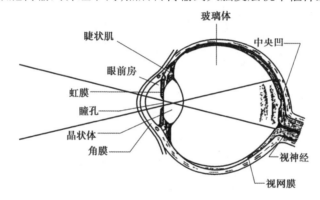

图 3.3　人眼解剖图

资料来源:参考文献[138]

园林植物照明人工光照的研究必须和人的主观感觉结合起来。光度量表征人眼对电磁波的响应,人眼可见光光谱辐射波长为 380~780 nm(可见光波长)。大于 780 nm 的红外线、无线电波及小于 380 nm 的紫外线、X 射线等是人眼所看不到的。

每一种光学仪器都有其特定的光学元件。国际照明委员会的研究资料显示:光谱光视效率 $V(\lambda)$ 曲线(图 3.4)可揭示相同视觉感觉下波长 $\lambda_m$ 和波长 $\lambda$ 的单色光辐射通量的比。波长为 555 nm 的明视觉光谱光视效能可表示为 $K_m = 683$ lm/W;波长为 507 nm 的暗视觉光谱光视效能可表示为 $K'_m = 1\ 726$ lm/W。

光视效能 $K$、光谱光视效能 $K_m$ 及光谱光视效率 $V$ 的关系为

$$V = K / K_m \tag{3.9}$$

视觉神经对不同波长的光的感光灵敏度不同。人眼对不同颜色的感觉也是由可见光范围内的电磁波诱导的,色彩感觉波长范围及色彩中心波长见表 3.1。在园林植物照明中,由于光源光谱能量分布不同,即使光照强度相同,人眼察觉到的园林植物照明亮度也相差甚远,园林植物照明光照强度是以人眼为基础的光度学测量,如果仅以人眼视觉为主要衡量单位,就会对园林植物的生长造成影响。根据人眼对不同色彩感知的波长范围,即可根据"光照强度-光效"转换公式得出园林植物照明中色光的光度量结果。

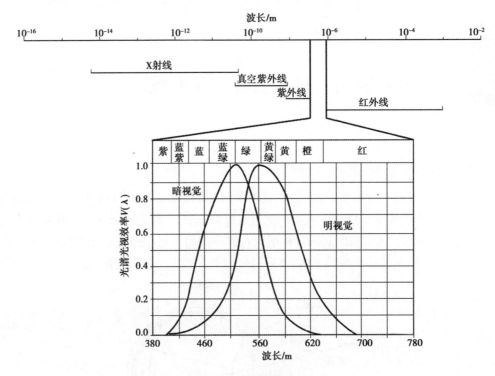

图 3.4 光谱光视效率曲线

资料来源:参考文献[138]

表 3.1 光谱颜色中心波长

| 颜色感觉 | 中心波长/nm | 范围/nm | 颜色感觉 | 中心波长/nm | 范围/nm |
|---|---|---|---|---|---|
| 红 | 700 | 640~750 | 绿 | 510 | 480~550 |
| 橙 | 620 | 600~640 | 蓝 | 470 | 450~480 |
| 黄 | 580 | 550~600 | 紫 | 420 | 400~450 |

### 3.3.2 园林植物照明光度量与辐射度量的理论研究

利用能量单位来表达辐射能的客观物理量称为辐射度量。电磁波是在空间里传播的交变电磁场,是电磁辐射的主要能量。电磁波谱为电磁波按照波长、频率等排列起来的图谱。在真空中,频率 $v$ 和光速 $c$ 有如下关系:

$$c = \lambda v \tag{3.10}$$

其中,$c$ 为光速,取值 $3 \times 10^8$ m/s。

光度量是使人眼产生视觉效果的辐射,光度量的对象也是电磁波,在电磁波谱中被称为可见光的电磁波的波长为 380~780 nm,光度量和辐射度量之间存在着密切的关系。根据光度量与辐射度量之间的对应关系可进行相应的转换计算。电磁波的度量及人眼视觉对电磁波的响应度量均属于光度量范围,辐射度量与光度量可以通过光通量 $\Phi_v$ 和辐射通量 $\Phi_e$ 对

应的转换公式可清晰表达为

$$\Phi_v(\lambda) = K_m\, V(\lambda)\, \Phi_e(\lambda)$$

或

$$\Phi_v = K_m\, \Phi_e(\lambda)\, \mathrm{d}\lambda \tag{3.11}$$

光度量的基本量包括光量($Q_v$)、光通量($\Phi_v$)、发光强度($I_v$)、光亮度($L_v$)、光出射度($M_v$)、光照度($E_v$)、光视效能($K$)、光视效率($V$)等。辐射度量包括辐射能($Q_e$)、辐射能密度($\omega$)、辐射通量($\Phi_e$)、辐射强度($I_e$)、辐射亮度($L_e$)、辐射出射度($M_e$)、辐射照度($E_e$)等。各相关物理量之间的关系如表 3.2 所示。

表 3.2　光度量与辐射度量各相关物理量之间的关系

| 辐射度量 | | | 光度量 | | |
|---|---|---|---|---|---|
| 名称 | 定义方程 | 单位 | 名称 | 定义方程 | 单位 |
| 辐射能 $Q_e$ | — | J | 光量 $Q_v$ | — | lm·s |
| 辐射通量 $\Phi_e$ | $\Phi_e = \mathrm{d}Q_e/\mathrm{d}t$ | W | 光通量 $\Phi_v$ | $\Phi_v = \mathrm{d}Q_v/\mathrm{d}t$ | lm |
| 辐射强度 $I_e$ | $I_e = \mathrm{d}\Phi_e/\mathrm{d}\Omega$ | W/sr | 发光强度 $I_v$ | $I_v = \mathrm{d}\Phi_v/\mathrm{d}\Omega$ | cd |
| 辐射亮度 $L_e$ | $L_e = \mathrm{d}^2\Phi_e/\mathrm{d}\Omega\mathrm{d}A\cos\theta$ | W/(sr·m²) | 光亮度 $L_v$ | $L_v = \mathrm{d}^2\Phi_v/\mathrm{d}\Omega\mathrm{d}A\cos\theta$ | cd/m² |
| 辐射出射度 $M_e$ | $M_e = \mathrm{d}\Phi_e/\mathrm{d}A$ | W/m² | 光出射度 $M_v$ | $M_v = \mathrm{d}\Phi_v/\mathrm{d}A$ | lm/m² |
| 辐射照度 $E_e$ | $E_e = \mathrm{d}\Phi_e/\mathrm{d}A$ | W/m² | 光照度 $E_v$ | $E_v = \mathrm{d}\Phi_v/\mathrm{d}A$ | lx |

光度量以人眼视见函数 $V(\lambda)$ 为基础。对于整个波长来说,光度量与辐射度量的比值为光效能 $K$。$K$ 是光谱能量辐射度量($m_{e\lambda}$)与人眼视觉光度量($m_{v\lambda}$)之比,即

$$K = \frac{\int_0^\infty k(\lambda)\, m_{e\lambda}\, \mathrm{d}\lambda}{\int_0^\infty m_{e\lambda}\, \mathrm{d}\lambda} = \frac{M_v}{M} \tag{3.12}$$

$$m_{e\lambda} = \frac{c_1}{\lambda^5}\cdot\frac{1}{\mathrm{e}^{\frac{c_2}{\lambda t}} - 1} \tag{3.13}$$

$m_{e\lambda}$ 是黑体单色辐射出射度,那么,某一光谱段的光效能 $K_{\Delta\lambda}$ 为

$$K_{\Delta\lambda} = \frac{\int_{\lambda_1}^{\lambda_2} K(\lambda)\, m_{e\lambda}\, \mathrm{d}\lambda}{\int_{\lambda_1}^{\lambda_2} m_{e\lambda}\, \mathrm{d}\lambda} \tag{3.14}$$

$K$ 值即为一个标准大气压下,黑体辐射器在铂熔点为 2 042 K 时的明视觉亮度,即 $L_v = 60\ \mathrm{cd/m}^2$,故有

$$K_{\max} = \frac{L_v}{\int_0^\infty V(\lambda) L_e(\lambda)\, \mathrm{d}\lambda} = \frac{60\times10^4}{\int_0^\infty V(\lambda) L_e(\lambda, 2\ 042\ \mathrm{K})\, \mathrm{d}\lambda} = 680(\mathrm{lm/W}) \tag{3.15}$$

其中,$L_e(\lambda, 2\,042\ \text{K})$即为黑体的辐射亮度。$V(\lambda)$为视见函数,等效关系可表示为:当$\lambda = 0.555\ \mu\text{m}$时,$K(\lambda)$有极大值,即

$$K_{\max(\lambda)}\big|\lambda = 0.555\ \mu\text{m} = 680(\text{lm/W})$$

对于多光谱问题来说,辐射度量与光度量之间的互相转换应首先计算出能量谱段光效能$K_{\Delta\lambda}$,再计算光度量,即

$$Mv_{\Delta\lambda} = K_{\Delta\lambda}\, M_{e\Delta\lambda} \tag{3.16}$$

根据黑体解析表达式,可进行定量计算[143]:

$$M_{0\sim\lambda} = \int_0^{\lambda} m_{e\lambda}\, d\lambda \tag{3.17}$$

$$M = M_{0\sim\infty} = \sigma T^4 \tag{3.18}$$

对于黑体,如已知某光谱段的能量$M_{\Delta\lambda}$及其占全谱段的比值$T_{\Delta\lambda}$,便可计算出该谱段对应的全谱段的能量$M = M_{\Delta\lambda}/T_{\Delta\lambda}$,$M$对应的光度量$M_v$也可求出。人工光照对植物生长产生影响的物理量为光谱辐射照度,单位为$\text{W}/(\text{m}^2 \cdot \mu\text{m})$。那么在园林植物照明中,就应该基于光照度与光谱辐射照度进行转化,即可表示为

$$M_v = K \cdot M \tag{3.19}$$

从理论上讲,在园林植物照明中,控制照明光光照强度在植物光饱和点以下可以有效降低人工光照对植物生物节律的干扰。根据所测得植物的光补偿点,可计算出植物所受的光照度值,同时可以计算出此时的光谱辐射照度。

### 3.3.3 植物光度量与辐射度量的理论研究

(1)光度量理论研究

根据国际照明委员会推荐值标准可知,人眼视觉评价值可用来衡量照明的照度。照度表示被照面上的光通量密度,符号为$E$,表面上某点的照度是入射在包含该点上的光通量$d\Phi$除以该面元面积$dA$之商,即

$$E = \frac{d\Phi}{dA} \tag{3.20}$$

当光通量$\Phi$均匀分布在被照表面$A$上时,此被照面各点的照度均为

$$E = \frac{\Phi}{A} \tag{3.21}$$

照度的常用单位为勒克斯(符号为lx)。照度表示为1 lm的光通量均匀分布在1 m²的被照面上,即

$$1\ \text{lx} = \frac{1\ \text{lm}}{1\ \text{m}^2} \tag{3.22}$$

(2)园林植物照明的植物光度学理论研究

在园林植物照明中,重要的物理量光量子通量密度(PPFD),是指单位时间内单位面积上在400~700 nm波长范围内入射的光量子数,单位为$\mu\text{mol photons}/(\text{m}^2 \cdot \text{s})$。光量子学和植物光度学系统均基于植物光合作用,其评价参数分别为光量子密度和植物光度学参数,它与植物的光合有效辐射PAR同为研究植物照明的重要物理量。利用函数关系可将其定义

表示为

$$PPF = \int_{400}^{700} P(\lambda) d(\lambda) \tag{3.23}$$

其中,$1 \ \mu mol \ photons/(m^2 \cdot s) = 6.02 \times 10^{17} \ photons/(m^2 \cdot s)$;$P(\lambda)$表示光谱光合光子通量,即单位波长间隔的光合光子在单位时间内通过单位面积的摩尔数,单位为 $\mu mol \ photons/(m^2 \cdot s)$。

根据光的波粒二象性,光子以电磁波形式的能量传播,满足波的方程

$$\lambda = \frac{c}{v} \tag{3.24}$$

其中,$\lambda$ 为波长、$c$ 为光速、$v$ 为频率(并非人眼视觉光谱光视效率 $V$),同时又满足

$$E = n_A h v = hc / \lambda \tag{3.25}$$

那么,光谱光合光子通量 $P(\lambda)$ 与光谱辐射照度的关系为

$$E_e(\lambda) = P(\lambda) n_A hc / \lambda \tag{3.26}$$

其中,$n_A$ 为阿伏伽德罗常数,$6.02 \times 10^{23} \ mol^{-1}$;$h$ 为普朗克常数,$6.626 \times 10^{-34} \ J/s$;$c$ 为光速,$2.979\ 245\ 8 \times 10^8 \ m/s$;$E_e(\lambda)$ 为光谱辐射照度,单位为 $W/(m^2 \cdot \mu m)$;$P(\lambda)$ 为光谱光合光子通量单位面积的摩尔数,单位 $\mu mol \ photons/(m^2 \cdot s)$。可推出

$$P(\lambda) = \frac{E_e(\lambda)}{n_A hc} = \frac{E_e(\lambda)}{119.6} \tag{3.27}$$

所以,PPF 可表示为

$$PPF = \int_{400}^{700} \frac{E_e(\lambda) d\lambda}{n_A hc} \tag{3.28}$$

根据式(3.28)可得出光谱辐射照度值 $E_e(\lambda)$ 与植物光合量子通量 PPF 之间的关系。通过测量光源照度值,利用光效能 $K_m$,即可直接计算出植物光合所用的能量。

植物的光合作用对光辐射照度有严格的要求,植物光合有效辐射 PAR[144] 代表了植物光合作用对光能的有效利用率,那么定义光合有效辐射照度 $E_{PAR}$,单位为 $W/m^2$,即可得出

$$E_{PAR} = \int_{400}^{700} E_e(\lambda) d\lambda \tag{3.29}$$

其中,$E_e(\lambda)$ 为光谱辐射照度,其单位为 $W/(m^2 \cdot \mu m)$。

(3)植物光度学与光度学理论研究

人眼对光谱的敏感性与植物对光谱的敏感性不同,如图 3.5 所示。人眼对光谱为 555 nm(介于黄光和绿光之间)的光最敏感,对蓝光区域与红光区域光谱敏感性较差;植物则对蓝光与红光光谱最敏感,对黄光、绿光敏感性较低。植物的光谱敏感性差异远远低于人眼。植物体内叶绿素 a 吸收光谱的峰值是 440 nm 附近的蓝光及 680 nm 附近的红光;叶绿素 b 吸收光谱的最高峰值是 470 nm 和 650 nm。

人眼光度学对应植物光度学系统,基于植物光合敏感曲线可定义为

$$E_P = \int E_e(\lambda) P(\lambda) d\lambda \tag{3.30}$$

其中,$P(\lambda)$ 为植物光合敏感曲线,其光谱灵敏度如图 3.5 所示。以人眼光度学及植物光合度量为基础。将植物光度量与人眼光度量的比值定义为光合光效能 $K_{p,v}$,即

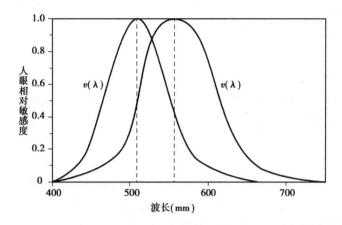

图 3.5　视觉光视效率

图片来源:参考文献[138]

$$K_{\mathrm{p,v}} = \frac{\int E_{\mathrm{e}}(\lambda)P(\lambda)\mathrm{d}\lambda}{K_{\mathrm{m}}\int E(\lambda)V(\lambda)\mathrm{d}\lambda} \tag{3.31}$$

$K_{\mathrm{p,v}}$ 为光度辐射的光合效率,单位 W/lm,$K_{\mathrm{m}} = 683$ lm/W 时为光谱光视效率的最大值。根据相对或绝对光谱,即可以计算出光度辐射的光合效率。根据式(3.31)分子分母同时乘以光源面积和发光立体角等参数,得

$$K_{\mathrm{p,v}} = \frac{\varPhi_{\mathrm{p}}}{\varPhi_{\mathrm{v}}} = \frac{I_{\mathrm{p}}}{I_{\mathrm{V}}} = \frac{E_{\mathrm{p}}}{E_{\mathrm{V}}} = \frac{L_{\mathrm{p}}}{L_{\mathrm{V}}} \tag{3.32}$$

其中,$\varPhi$ 表示光通量。$I$ 表示强度,$E$ 表示照度,$L$ 表示亮度,下标 p 表示植物光合量,下标 V 表示人眼光度量。将植物的光度辐射光合因子定义为 $a_{\mathrm{p,v}}$,即植物光合加权量与对应 $V(\lambda)$ 加权量的比值,单位为 1,即

$$a_{\mathrm{p,v}} = \frac{\int E_{\mathrm{e}}(\lambda)P(\lambda)\mathrm{d}\lambda}{\int E_{\mathrm{e}}(\lambda)V(\lambda)\mathrm{d}\lambda} = K_{\mathrm{m}}K_{\mathrm{p,v}} \tag{3.33}$$

根据光度辐射光合效率及光合因子,建立人眼光度学与植物光度学的换算关系,并从理论上分析光源光谱能量及光照强度对植物光合作用的影响。园林植物照明往往以视觉感受为基础,直接利用照度计对植物载体所受光照进行测量,不能直接体现植物对光照的利用,通过对植物光合有效辐射(PAR)与照度($E_{\mathrm{v}}$)的换算可以得出植物对光照的利用,根据式(3.26)、式(3.29),即可得出 PAR-$E_{\mathrm{v}}$ 换算系数 $K_{\mathrm{PAR}}$,单位为 W/lm,定义为

$$K_{\mathrm{PAR}} = \frac{E_{\mathrm{PAR}}}{E_{\mathrm{v}}} = \frac{\int_{400}^{700} E_{\mathrm{e}}(\lambda)\mathrm{d}\lambda}{K_{\mathrm{m}}\int_{380}^{780} E_{\mathrm{e}}(\lambda)V(\lambda)\mathrm{d}\lambda} \tag{3.34}$$

我们根据所测得的 PAR 值,即可计算出 $E_{\mathrm{v}}$。根据式(3.26)、式(3.28),可得出 PPF-$E_{\mathrm{v}}$ 换算系数 $K_{\mathrm{PPF}}$,单位为 $\mu\mathrm{mol}/(\mathrm{s} \cdot \mathrm{lm})$,表达式为

$$K_{PPF} = \frac{E_{PPF}}{E_v} = \frac{\int_{400}^{700} \dfrac{E_e(\lambda)\,\mathrm{d}\lambda}{n_A hc}}{K_m \int_{380}^{780} E_e(\lambda) P(\lambda)\,\mathrm{d}\lambda} \tag{3.35}$$

所以,在相同光谱能量分布下,植物光度量与人眼光度量可直接进行换算。不同光源有其换算系数表(表3.3),换算系数可由表查出,已知 PPF 值,即可算出此时的光照度值。

表 3.3　相同光源在不同色温下的预换算系数表
资料来源:参考文献[161]

| 光源 | 色温/K | 显色指数 | $a_{p,v}$ | $K_{p,v}/$ $(\mathrm{W \cdot lm^{-1}})$ | $K_{PAR,v}/$ $(\mathrm{W \cdot lm^{-1}})$ | $K_{PPF,v}/$ $(\mu mol \cdot s^{-1} \cdot lm^{-1})$ |
|---|---|---|---|---|---|---|
| LED | 2 729 | 85 | 1.92 | 2.82 | 3.11 | 15.22 |
| LED | 3 049 | 83 | 1.87 | 2.73 | 3.04 | 14.71 |
| LED | 4 005 | 85 | 1.82 | 2.67 | 3.05 | 14.33 |
| LED | 5 000 | 83 | 1.87 | 2.74 | 3.20 | 14.66 |
| LED | 6 577 | 84 | 1.90 | 2.79 | 3.31 | 14.86 |

复旦大学高丹等[145]指出,园林植物照明在选择光源时,可根据 PPF 和 $K_{PPF}$ 算出光合辐射照度 $E_p$,利用 $E_p$ 和 $K_{p,v}$,得出对应的照度,从而确定植物光照参考范围。

### 3.3.4　园林植物照明光响应曲线修正系数

直角双曲线修正公式为日间植物光响应曲线,在园林植物照明中,利用人工光照对植物进行照明时,光合有效辐射与日光不同,根据式(3.25)对光合有效辐射 $I$ 进行修正,得出人工光照的直角双曲线修正模型修正系数 $\alpha$,即

$$\alpha = P(\lambda)/119.6 \tag{3.36}$$

将式(3.36)代入式(3.2),得出园林植物照明光响应曲线模型,即

$$P_n = \frac{119.6 V(\lambda)\alpha[1 - 119.6 V(\lambda)\beta]}{1 + 119.6 V(\lambda)\gamma} - R_d \tag{3.37}$$

其中,$P(\lambda)$ 符合植物光敏感曲线积分规律。

## 3.4　本章小结

园林植物照明增加了植物的光照量,破坏了植物进化过程中形成的生物节律。本章从理论上分析了人工光照对植物叶片指标叶绿素含量、叶面积、叶芽数等的影响,以及植物的净光合速率、气孔导度、蒸腾速率的定义及换算。

①植物叶片是植物重要的营养器官,也是植物进行光合作用、呼吸作用及蒸腾作用的重要场所,叶片的面积、数量、叶绿素含量等直接影响着植物的能量积累。经过人工光照的园林植物叶片形态势必发生改变,叶片是后续实验的重要基础,但其变化趋势还需进行进一步实验研究。

②人工光照对园林植物的影响,首先是植物夜间的光合作用。本章从理论上得出植物光响应曲线、净光合速率、气孔导度及蒸腾速率随光照的变化函数模型;根据直角双曲线修正公式,推导出日光下植物光响应曲线的修正系数

$$\beta = \alpha I - \frac{(1 - \gamma I)(P_n + R_d)}{I^2 \alpha}$$

③建立适合园林植物照明的植物夜间光响应曲线模型,计算出符合人工照明的植物光合修正系数 $\alpha = P(\lambda)/119.6$。根据植物吸收光谱范围定义植物光合有效函数及光量子通量函数,利用光的波粒二象性进行换算,得出植物光合有效辐射 PAR 与光照度值、光量子 PPF 与光照度值之间的函数关系,为确定人工光照影响窄叶石楠生物节律实验的光照强度范围提供理论依据。

# 4 人工光照与窄叶石楠叶片指标的实验研究

叶片是植物获取光照的生理器官,植物叶片面积、叶绿素含量会根据光照情况改变形态和数量,从而扩大或缩小植物对光的吸收。园林植物照明对植物进行照射,在植物进化过程中植物叶背接触日照较少,有较敏感的喜光特性,人工光照对窄叶石楠生物节律实验研究主要针对植物叶片进行。在实验过程中需要对植物叶片做细致检测,以得出更准确的实验研究结果。

## 4.1 实验设计

### 4.1.1 实验对象的确定

实验所选植物窄叶石楠(图4.1)是园林造景中常见的植物载体,是石楠科属常见品种。窄叶石楠虽具有彩叶植物特点,却具有不同于红叶石楠叶片极易变色的特点,选窄叶石楠为实验对象,可降低人工光照实验中叶片叶绿素含量变化频繁的干扰。我国石楠属植物的栽培可以追溯到春秋时期,西汉刘向《别录》中写道:"石楠,生华阴山谷。二月、四月采叶,八月采实,阴干。"石楠的枝叶、花型别具一格;白居易在《石楠树》中描述道:"可怜颜色好阴凉,叶剪红笺花扑霜。伞盖低垂金翡翠,熏笼乱搭绣衣裳。春芽细炷千灯焰,夏蕊浓焚百和香。见说上林无此树,只教桃柳占年芳。"在古方中石楠叶也作为中药材使用。窄叶石楠,高1~2 m;小枝初生柔毛,后期脱落;冬芽微小,鳞片近锥形,无毛,花期4月。

图4.1 窄叶石楠

随着石楠应用范围的扩大,针对石楠的研究也逐步增多。不同光照影响下石楠的生物学研究也有所增加。崔晓静[146]探讨不同光照条件下窄叶石楠叶色变化得出:低光照条件下窄叶石楠叶片中光合色素含量增加,叶色较浅或全绿;全光照条件下石楠叶片中可溶性糖和花色素苷的积累及 PAL 活性提高,叶色红艳。研究者通过对石楠相关环境指标的测定,推算出了石楠的净光合速率、暗呼吸速率、光饱和点及光补偿点。Norcini 等在 1991 年研究了不同光密度下石楠叶片生理和生长的特征,但实验多针对天然光照,并未见针对人工光照。在我国广泛开展夜景照明的情况下,对人工光照下石楠生长情况的研究显得尤为迫切。

### 4.1.2 人工光照实验设置

户外人工光照实验地选在重庆大学建筑城规学院户外园林实验田,见图 4.2。实验场地位于重庆市(105°11′~110°11′°N,28°10′~32°13′°E),是我国长江上游地区的重要城市。重庆地区气候温和(亚热带季风性气候),平均温度 16~18 ℃,平均降水量 1 000~1 350 mm(5—9 月),相对湿度多为 70%~80%,重庆为第 V 类光气候地区,年日照时数 1 000~1 400 h。

图 4.2　实验现场照片

实验对象窄叶石楠为重庆大学实验景观苗木,由园林管理人员专门维护,实验窄叶石楠共 16 组,苗龄 3 年以上,株高 1.5m 左右,从未进行过人工照明,均生长在标准的花园土壤中，土层 30~50 cm，日照、温度、含水量相同。光照及空气温度是影响植物净光合速率的主要环境因子。为了降低气温等环境因素对实验的影响，实验安排在 3—5 月，于 2016 年 3 月 2 日开始对窄叶石楠进行人工光照实验。实验开始后，根据天气情况每隔 20 天进行一次植物叶片光合指标测定。根据每天 3.5 h 控制光照时间（利用时控开关），每天 18:30—22:00 严格按照城市夜景照明时间进行植物的人工光照。为避免人工光照相互干扰，夜间利用临时挡板在植物间进行遮挡，白天将遮光板取消，以免干扰窄叶石楠对天然光的利用。

受天气干扰，实际测量时间为 3 月 2 日、3 月 25 日、4 月 12 日、4 月 27 日的 9:00 及 20:00，4 次测量的空气温度分别为 13~23 ℃、10~19 ℃、17~23 ℃、16~23 ℃。根据实验情况及便于管理的原则，实验植物布置如图 4.3 所示。对植物样本进行编号，分别为 1~16。调整光源与植物之间的距离，以便控制人工光源的光照强度，每一纵行为相同光谱能量分布光照组，每一横行为相同光照强度组。

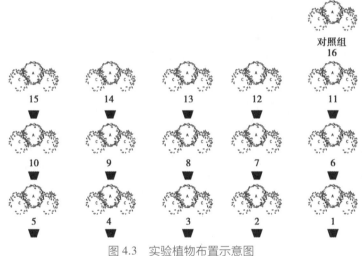

图 4.3　实验植物布置示意图

### 4.1.3　实验光源光谱及光照强度的确定

(1) 人工光源光谱的选择

根据园林植物照明现状的调研分析，园林植物照明选择常用的 LED 光源——白光 LED（色温 6 500K）、黄光 LED（色温 3 000K）、绿光 LED（主波长 527.6 nm）、紫光 LED（主波长 425 nm）、红光 LED（主波长 640.4 nm），每种光谱光源 3 盏。对园林植物窄叶石楠进行光照实验，所选光源均为某品牌 30 W 的 LED 光源，为了降低光源本身质量对实验结果的干扰，LED 芯片均为某国际品牌。实验前，在光学实验室对光源进行检查，利用 CL-500A 分光辐射照度计对光源光谱进行测量。将光源固定通电半小时，稳定后，直接利用 CL-500A 分光辐射照度计进行光源光谱能量测量，并利用数据管理软件 CL-S10w 导出光谱能量分布（图 4.4），并得出彩色光源的主波长（表 4.1）。

实际光源光谱能量分布与标准光源光谱能量分布有少许差异，这是产品批量生产不可避免的，本实验选用的光源灯具的误差控制在植物照明允许范围内，在实验中能够确保光源光谱能量分布与光照强度，满足实验要求。

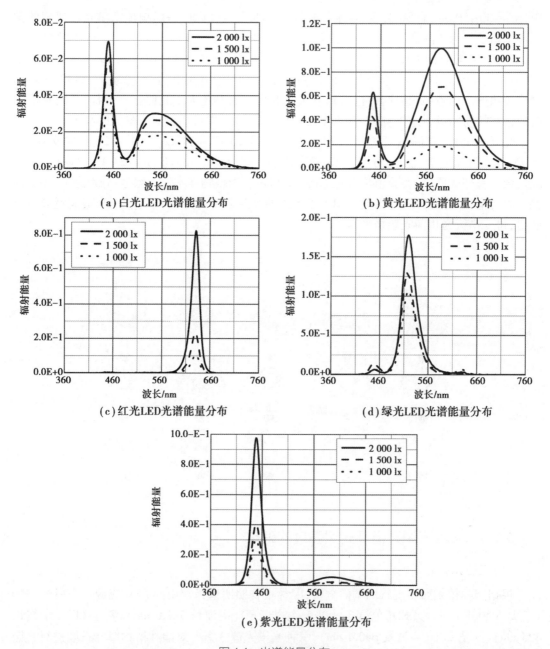

图 4.4　光谱能量分布

表 4.1　五种彩色光对应的参数值

| 光　色 | 主波长/nm | 色坐标 | |
| --- | --- | --- | --- |
| | | X | Y |
| 白(6 500K) | — | 0.321 2 | 0.334 4 |
| 黄(3 000K) | — | 0.420 4 | 0.416 4 |
| 红 | 640.4 | 0.685 5 | 0.311 9 |
| 绿 | 527.6 | 0.170 3 | 0.731 3 |
| 紫 | 425 | 0.134 4 | 0.059 9 |

（2）窄叶石楠光补偿点计算

在进行园林植物照明实验设计时,需要根据人眼视觉及植物生理指标,选出具有代表性的人工光源光照强度。利用仪器测量植物光响应曲线,确定人工光照影响植物生物节律的光照强度。由于缺乏园林植物照明标准,园林植物照明光照强度随意性强,因此无法得到园林植物照明的照度值。我们根据前期调研结果选择 3 个照度值进行实验。

选取未受过照明的健康窄叶石楠进行预实验,在全光照条件下利用 Li-6400 光合仪(LI-Cor,NE,USA)测量窄叶石楠的光响应曲线。测量前,叶片在光合作用饱和光照强度下诱导 30 min。测量时,使用大气 $CO_2$ 浓度,用 Li-6400 光合仪红蓝 LED 光源控制光照强度,依次设定 PPFD 为 1 500、1 200、1 000、800、600、400、200、100、50 $\mu mol/(m^2 \cdot s)$,每一光照强度下停留 200 s。每株植物测量 3 片叶子,测量 9 组数据取平均值,导出窄叶石楠光响应曲线,如图 4.5 所示,拟合曲线 $R^2 = 0.97$(拟合度较好)。

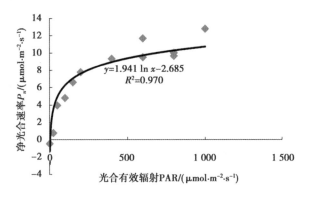

图 4.5　窄叶石楠光响应曲线

根据窄叶石楠的光响应曲线可读出,植物光补偿点 PPF 为 20 $\mu mol/(m^2 \cdot s)$,光饱和点 PPF 为 960 $\mu mol/(m^2 \cdot s)$,利用式(3.33)算出植物光补偿点的光照强度值。

Li-6400 光合仪内部自动提供红光 LED 与蓝光 LED 的光谱与植物光合敏感曲线 $P(\lambda)$,以 1 nm 为波长单位,根据式(3.35)得

$$K_{PPF,p} = 6.018 \ \mu mol/(s \cdot W)$$

$$E_p = E_{PPF}/K_{PPF,p}$$

此时,植物光补偿点的光合辐射照度 $E_{p1} = 3.32 \ W/m^2$;光饱和点的光合辐射照度为 $E_{p2} = 159.52 \ W/m^2$。

利用式(3.35),计算出植物光补偿点、光饱和点在人工光照下对应的光照强度 $E_v$,以白光 LED 为例,查表 3.3 可知白光 LED 的 $K_{p,v} = 2.79$,得出

$$E_{v1} = E_p/K_{p,v} = 1 \ 189 \ lx; E_{v2} = 37 \ 175 \ lx$$

在人工光源白光 LED 处理下,窄叶石楠的光补偿点为 1 189 lx,光饱和点为 37 175 lx。

（3）人工光源光照强度选择

根据实际测量,窄叶石楠光补偿点为 1 189 lx,在调研的园林植物照明范围(1 000 ~ 4 000 lx)内。在 1 000 lx 光照强度时,植物净光合速率为负,不进行光合积累。为进一步选择实验光照强度,在确定光照强度的实验中,同时测量日光光谱下植物叶片净光合速率($P_n$)

及天空照度,导出实验数据,并对数据进行统计。

利用 Li-6400 光合仪测量日间植物净光合速率,且同时利用照度计测量天空照度,同时记录两组数据。在清晨天然光照度分别为 1 000 lx,1 500 lx 及 2 000 lx 时,测得窄叶石楠的净光合速率($P_n$)分别为 0.32,1.07,4.67。

根据光照强度选择的预实验,利用 Li-6400 光合仪测量夜间不同光色人工光照(1 000 lx,1 500 lx 及 2 000 lx)下的窄叶石楠净的光合速率(图 4.6),并对数据进行整理(表 4.2)。

表 4.2　不同光强光谱下植物净光合速率($P_n$)

| 光照强度 | 天然光 | 白　光 | 黄　光 | 红　光 | 绿　光 | 紫　光 |
|---|---|---|---|---|---|---|
| 1 000 lx | 0.32 | 0.15 | 0.26 | −0.83 | −1.39 | −0.98 |
| 1 500 lx | 1.07 | 1.15 | 0.86 | 1.91 | −0.32 | 0.83 |
| 2 000 lx | 4.67 | 2.64 | 4.08 | 3.57 | −0.15 | 5.4 |

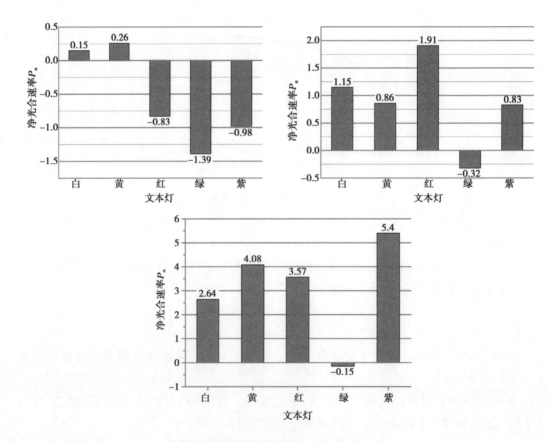

图 4.6　不同光强照射下窄叶石楠的 $P_n$ 值

1 000 lx 天然光照射下窄叶石楠净光合速率为 0.32,而 1 000 lx 人工光源红光 LED、绿光 LED、紫光 LED 照射下,植物 $P_n$ 均为负;白光 LED、黄光 LED 照射下植物 $P_n$ 值为 0.15,0.26,低于天然光照射下的 0.32。光照强度在 1 000 lx 时,白光 LED、黄光 LED 照射的植物会进行净光合积累。

1 500 lx 天然光照射下窄叶石楠净光合速率为 1.07,白光 LED、黄光 LED、红光 LED 照射的植物 $P_n$ 值为正,白光 LED 照射的植物净光合速率甚至高于天然光照射下的净光合速率。LED 照射的窄叶石楠净光合速率值迅速升高,且明显高于相同光照强度下天然光照射的净光合速率。

2 000 lx 天然光照射下窄叶石楠的净光合速率 $P_n$ 持续增高为 4.67。而相同光照强度紫光 LED 照射的窄叶石楠净光合速率为 5.4,已经高于日光照射。此时,白光 LED、黄光 LED、红光 LED 照射下植物净光合速率也明显增加,仅绿光 LED 照射的植物 $P_n$ 仍为负。

不科学的园林照明影响园林植物生长,这些数据表明了 LED 光源对植物净光合速率 $P_n$ 的影响较大,人工光源照射的植物净光合速率 $P_n$ 随光照强度升高而升高。通过测量白光 LED、黄光 LED、红光 LED、绿光 LED、紫光 LED 照射[147,148]的窄叶石楠 $P_n$ 值可知,1 500 lx 与 2 000 lx 光照强度对植物净光合速率改变值相近。所以在人工光照影响园林植物生物节律的实验中,根据实验测量得出,以 500 lx 为单位的光照强度对植物光合速率改变小,排除 500 lx 为单位的光照强度实验。结合窄叶石楠光饱和点及实际测量,最终确定园林植物照明实验相对光照强度值为 1 000 lx、2 000 lx、3 000 lx(表 4.3)。

表 4.3 实验光照强度与辐射照度对应值

| 光 色 | 光照强度/lx | 辐射照度/(W·m⁻²) |
|---|---|---|
| 白 | 1 000 | 4.0E-2 |
|  | 2 000 | 6.0E-2 |
|  | 3 000 | 7.0E-2 |
| 黄 | 1 000 | 1.0E-2 |
|  | 2 000 | 5.1E-2 |
|  | 3 000 | 1.0E-1 |
| 红 | 1 000 | 1.0E-1 |
|  | 2 000 | 2.2E-1 |
|  | 3 000 | 8.3E-1 |
| 绿 | 1 000 | 1.0E-1 |
|  | 2 000 | 1.25E-1 |
|  | 3 000 | 1.75E-1 |
| 紫 | 1 000 | 2.95E-1 |
|  | 2 000 | 3.9E-1 |
|  | 3 000 | 9.8E-1 |

# 4.2 窄叶石楠叶片测量

## 4.2.1 实验设备

（1）叶绿素仪 SPAD-502Plus

园林照明会影响植物叶片色彩叶绿素含量，从而影响植物叶片色彩。本研究利用叶绿素仪 SPAD-502 Plus（图 4.7）对植物叶片叶绿素含量进行测量，其具体技术参数见表 4.4。

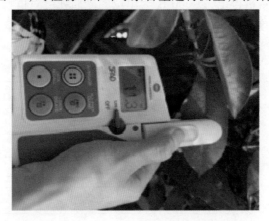

图 4.7　叶绿素仪 SPAD-502Plus

表 4.4　叶绿素仪 SPAD-502Plus 技术参数

| 型　号 | 叶绿素仪 SPAD-502Plus |
|---|---|
| 测量对象 | 植物叶片 |
| 测量方法 | 2 个波长下的光密度差 |
| 测量区域 | 2 mm×3 mm |
| 样品厚度 | 最大 1.2 mm |
| 样品插入深度 | 12 mm（深度调节装置 0~6 mm） |
| 光源 | 2 个 LED 光源 |
| 传感器 | 1 个 SPD（硅光二极管） |
| 显示 | LCD 屏幕显示，4 位小数，趋势图 |
| 显示范围 | −9.9~199.9 SPAD 单位 |
| 内存 | 30 组测量数据，可计算/显示平均值 |
| 电源 | 2 节五号电池 |

| 电池寿命 | 约 20 000 次 | |
|---|---|---|
| 最小测量间隔 | 约 2 s | |
| 精度 | 超过 50.0SPAD 单位时会显示"＊" | |
| 重复性 | ±0.3SPAD 单位以内 | 0.0~50.0 ℃ SPAD 测量位置不变 |
| 重现性 | ±0.5SPAD 单位以内 | |
| 温度漂移 | ±0.04SPAD 单位以内/℃ | |
| 操作温度/湿度范围 | 0~50 ℃,相对湿度 85% 以内(35 ℃),无凝露 | |
| 储存温度/湿度范围 | −20~55 ℃,相对湿度 85% 以内(35 ℃),无凝露 | |
| 尺寸/质量 | 78 mm×164 mm×49 mm,200 g | |
| 其他 | 警告音,用户系数补偿 | |
| 标准配件 | 深度制动,手绳,2 节五号电池,软包,检验合格证 | |

叶绿素仪 SPAD-502Plus 的工作利用了叶绿素在 400~500 nm 及 600~700 nm 吸收较高,在近红外区域却没有吸收的原理。仪器测量叶绿素在红色及近红外区域的吸收率,通过这个区域的吸收率计算出叶绿素含量,并显示数字指示当前叶片中绿素含量,从而得出园林植物窄叶石楠经过人工光照后叶片叶绿素含量的变化。

(2)Yaxin-1241 叶面积仪

Yaxin-1241 叶面积仪(图 4.8)是一款便携式叶面积仪,能够快速地对植物叶片基本生理指标进行测量,如叶面积、长度、宽度、周长等。叶面积仪结构简单,仅包括测量仪器及叶片面积板,具有测量简单、操作方便及精度高等特点,测量时,叶片可以离体测量也可以非离体测量。叶面积仪在植物生理学测量、农作物、果树的栽培和植物长势的研究中应用广泛,它的技术参数如表 4.5 所示。

图 4.8　Yaxin-1241 叶面积仪

表 4.5　Yaxin-1241 叶面积仪技术参数

| 传感器 | 定制 CIS 接触式图像传感 | 最大扫描长度:300 mm;最大扫描宽度:150 mm |
|---|---|---|
| 测量单位 | mm,mm$^2$ | — |
| 扫描速度 | 不大于 200 mm/s | — |

续表

| 精度 | ±2%（样品面积大于 10 cm²） | 长度分辨率：1 mm<br>宽度分辨率：0.1 mm<br>最大测量厚度：≤6 mm |
|---|---|---|
| 显示器 | 128×32 点阵，2 行，中文界面显示 | — |
| 尺寸 | 主机 | 182 mm×64 mm×40 mm |
| 测量功能 | 现场测量叶片面积、<br>周长、长度、宽度 | 可以测量离体和非离体叶片<br>叶缘不齐或有虫洞不影响测量结果<br>无须校准 |

（3）CL-500A 分光辐射照度计

CL-500A 分光辐射照度计（图 4.9）主要用于测量 LED 光源的显色指数、照度、色坐标、相关色温、三刺激值、特征波长 λ、色纯度、色差值等，其相关性能参数如表 4.6 所示。它还可以连接电脑，通过软件直接显示光源的显色指数评估图、色温色坐标图、光谱数据等。

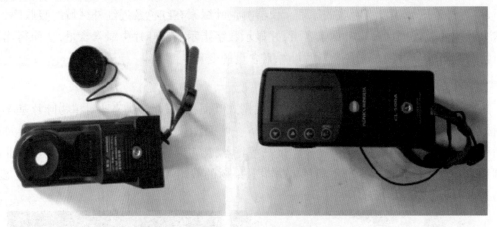

图 4.9　CL-500A 分光辐射照度计

表 4.6　CL-500A 分光辐射照度计性能参数

| 型　号 | 分光辐射照度计 CL-500A |
|---|---|
| 照度计等级 | 符合 JIS C 1609-1：2006 AA 普通级标准<br>DIN 5032 第 7 部分 B 级标准 |
| 光谱波长范围 | 360～780 nm |
| 输出波长间隔 | 1 nm |
| 光谱波长宽度 | 约 10 nm（半波宽） |
| 波长精度 | ±0.3 nm（JIS Z8724 规定的 435.8 nm、546.1 nm 和<br>585.3 nm 校正波长） |

| 测量范围 | 0.1~100 000 lx(色度显示在5lx以上) |
|---|---|
| 精度<br>(标准光源A) | 显示值的±2%±1数值<br>$xy$:±0.0015(10~100 000 lx)$xy$:±0.002(5~10 lx) |
| 重复性($2\sigma$)<br>(标准光源A) | 0.5%+1数值<br>$xy$:0.000 5(500~100 000 lx)、$xy$:0.001(100~500 lx)、<br>$xy$:0.002(30~100 lx)、$xy$:0.004(5~30 lx) |
| 可见光区域相对光谱敏感度 | 1.5%以内 |
| 余弦感应特性($f_2$) | 3%以内 |
| 温度偏差($f_T$) | 显示值的±3% $xy$:±0.003 |
| 湿度偏差($f_H$) | 显示值的±3% $xy$:±0.003 |
| 测量时间 | 超快模式:约0.2 s(仅在连接电脑时)<br>快速模式:约0.5 s 慢速模式:约2.5 s<br>自动曝光时间设置(高精度)模式:约0.5~27 s |
| 显示模式 | $XYZ$、$X_{10}Y_{10}Z_{10}$、$Ev\ xy$、$Ev\ u'v'$、特征波长、色纯度、$Ev$、<br>相关色温$T\ \triangle uv$、显色指数、光谱图形、峰值波长、$\triangle(XYZ)$、<br>$\triangle(X_{10}Y_{10}Z_{10})$、$\triangle(Ev\ xy)$、$\triangle(Ev\ u'v')$、分级显示 |
| 其他功能 | 数据存储(100条数据)、用户校准功能(连接电脑时)、<br>连续测量(连接电脑时)、自动关闭功能 |
| 显示语言 | 日语、英语、简体中文 |
| 端口 | USB2.0 |
| 电源 | 内置可充锂电池[每次充电可测量时间:6 h(新品充满电)]、<br>电源适配器、USB数据线 |
| 工作温湿度范围 | −10~40 ℃、相对湿度85%以下(35 ℃)/无凝露 |
| 储存温湿度范围 | −10~45 ℃、相对湿度85%以下(35 ℃)/无凝露 |
| 尺寸 | 70 mm×165 mm×83 mm |
| 质量 | 350 g |

(4)Li-6400光合仪

Li-6400光合仪是美国LI-COR公司的第三代气体交换测量仪器,是本实验进一步测量人工光照与窄叶石楠光合节律实验的重要仪器,在下一章中将进行详细介绍。

### 4.2.2　实验方法

(1)窄叶石楠叶片叶绿素含量的测定方法

利用 SPAD-502 plus 叶绿素仪对窄叶石楠叶片叶绿素含量每 20 天进行一次测量。测量前确保仪器电量充足,插入读数校验卡对仪器进行校零,测量时避开叶片中脉,将探头中心线对准叶片中脉与边缘的中点位置,叶片放入接收器头部,确定样品完全覆盖接收器。选取距离叶片中部左右各 3 cm 的测定值,确保几次测量的 SPAD 数据误差在 1 以内,取算数平均数代表窄叶石楠叶片叶绿素含量,记下仪器屏幕显示的数据。

(2)窄叶石楠叶片形态指标测定方法

叶片是植物最重要的同化器官,是影响植物生产力大小的决定性器官之一。实验结束后,每株窄叶石楠选取 20 片成熟健康叶片作为叶片形态指标的测定材料,利用 Yaxin-1241 叶面积仪,进行植物叶片离体测量。将样本叶片去柄平铺于测量板内,手持叶面积扫描仪,自上而下匀速移动扫描叶片,检测叶面积仪显示器上的数据,记录叶片叶面积、叶长、叶宽、叶周长等数据,舍去错误数据,导出测量数据。

(3)叶芽数量的统计方法

实验时间正值窄叶石楠发芽季节,方便对窄叶石楠叶芽数量进行计数。利用人工计数方法,对每组植物叶芽数量进行统计,录入 Excel 表格,得出植物叶芽数量随光照数量而变化的情况。

## 4.3　窄叶石楠叶片指标测量数据及分析

### 4.3.1　叶绿素含量分析

叶绿素是窄叶石楠进行光合作用的主要色素,能够对所接收的光子进行转化及传递,单位叶面积的叶绿素含量与植物净光合作用有着密切的联系。植物叶色与植物光合作用密切相关[149,150],花色素苷的合成必须有光的诱导,光照越强,花色素苷积累越多。可见光光谱中高能量的蓝光和紫外光是促进花色素苷合成的最有效光谱能量分布[151]。叶片颜色的改变是植株正常生长、发育的重要标志[152],彩叶植物叶色的变化情况可以根据叶片叶绿素含量来定量比较。

根据 LED 光源影响植物生物节律的实验,每 20 天对光源照射的窄叶石楠叶片叶绿素含量进行测量,利用 SPAD-502Plus 叶绿素仪进行植物叶片的非离体测量,每组实验植物随机选取 30 片生长成熟的健康叶片,每片叶片测量 6 次,利用仪器自动计算平均值,记录每株植物的数据,导入 Excel 表进行处理。确定植物叶片叶绿素含量随不同光照强度、光谱能量分布及光照时间而变化规律。

(1)相同光谱下叶绿素含量变化分析

在测量植物叶片叶绿素含量的实验中,叶绿素含量越高,植物叶片色彩越深;叶绿素含量越低,植物叶片色彩越浅。叶绿素含量越低时,叶片色彩偏红,颜色变浅,如图4.10所示。对所测的不同光谱能量分布下植物叶片叶绿素含量进行统计,舍去错误数据,并对每种光谱下3株窄叶石楠的叶绿素含量进行算术平均值计算,利用origin9.0进行图表拟合处理,得出窄叶石楠叶片在相同光谱下叶绿素含量的变化规律(图4.11)。

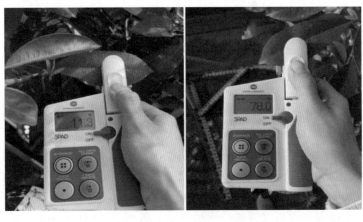

图4.10　叶绿素含量与叶片色彩

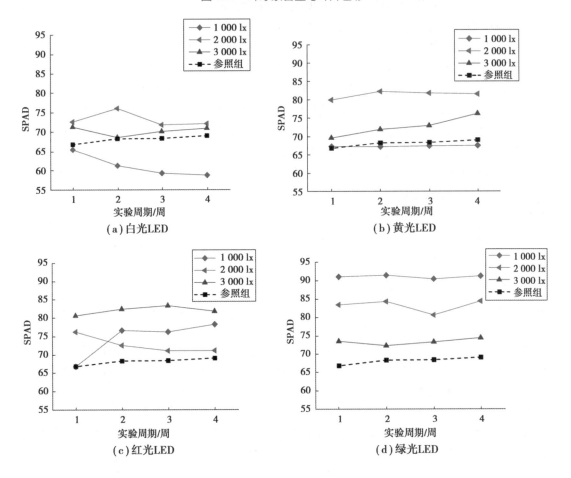

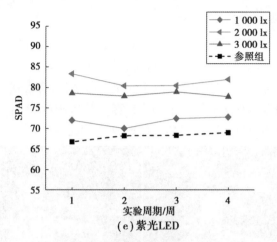

图 4.11　相同光谱下植物叶片叶绿素含量

通过图 4.11 可知：①参照组植物仅受日间天然光照射，植物叶绿素含量有缓慢上升的趋势，随着植物正常生长，植物叶片色彩会逐渐变深。②白光 LED，1 000 lx 光照强度下，随光照周期的延长，植物叶片叶绿素含量有逐渐下降的趋势，即植物叶片颜色有逐渐变浅的趋势；2 000 lx、3 000 lx 光照强度下，植物叶片叶绿素含量先增高后逐渐降低，且趋于平稳，即植物叶片色彩有先逐渐加深后又逐渐变浅的趋势。③黄光 LED，1 000 lx 光照强度下，植物叶片叶绿素含量无变化；2 000 lx 光照强度下，叶绿素含量先增加后降低且趋于平稳，整体变化不明显；3 000 lx 光照强度下，植物叶片叶绿素含量逐渐增高，叶片颜色有变深的趋势；④红光 LED 下，植物叶片叶绿素含量变化非常明显，1 000 lx、3 000 lx 光照强度下，叶片叶绿素含量升高后趋于平稳；2 000 lx 光照强度下，植物叶绿素含量逐渐降低，即植物叶色逐渐变浅红；⑤绿光 LED 照射的植物叶绿素变化趋势不明显，1 000 lx、2 000 lx 光照强度下，叶绿素含量先降低随后又升高；3 000 lx 光照强度下，植物叶片逐渐上升；⑥紫光 LED 照射下，1 000 lx 与 2 000 lx 光照强度下植物叶片叶绿素含量均呈现先下降后又趋于稳定的状态；3 000 lx 光照强度下，植物叶绿素含量逐渐降低。

根据窄叶石楠在不同光照强度条件下叶绿素含量的对比可知，白光 LED、红光 LED、紫光 LED 对植物叶绿素含量影响较大，黄光 LED、绿光 LED 对窄叶石楠叶绿素含量影响不大。

（2）相同光照强度下叶片叶绿素含量变化分析

在相同光照强度下，对不同光谱能量分布下的窄叶石楠叶片叶绿素含量进行统计，并利用 origin9.0 进行线性拟合处理，得出窄叶石楠叶片在不同光谱下的形态变化规律。

根据图 4.12 可知：①1 000 lx 光照强度时，绿光 LED、黄光 LED 照射下的植物叶片叶绿素含量与参照组的含量一致；随照射时间的延长，红光 LED 照射下的植物叶片叶绿素含量升高后逐渐下降；白光 LED 照射下的植物叶片叶绿素含量不断降低；紫光 LED 照射下的植物叶片叶绿素含量降低后又升高；②2 000 lx 的光照强度时，红光 LED、紫光 LED 照射下的植物叶片叶绿素含量降低；绿光 LED 照射下的植物叶片叶绿素含量随光照周期延长会降低后又升高；白光 LED、黄光 LED 照射下的植物叶片叶绿素含量会升高后降低；③3 000 lx 光照强度下，白光 LED、绿光 LED、紫光 LED 及红光 LED 照射下的植物叶片叶绿素含量均出现波动，起先因为光照的干扰叶绿素含量迅速降低，而后缓慢增加；而黄光 LED 照射下的植物叶片叶绿素含量有升高趋势。

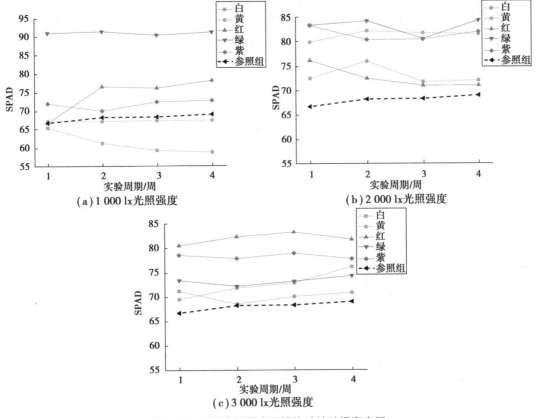

图 4.12 不同光照强度下植物叶片叶绿素含量

通过实验结果分析,随着光照强度、光照周期的改变窄叶石楠叶片叶绿素含量发生改变,从而引起叶片色彩变化,最终叶片呈现红色。白光 LED、紫光 LED、红光 LED 的光谱范围能够引起植物叶片色彩变化。由于照射时间较短,在白光 LED、紫光 LED 照射下,植物叶绿素含量已经有下降趋势,且已有少量的红色叶片产生。1 000 lx 光照强度下,红光 LED、紫光 LED 会促使植物叶片色彩变深;白光 LED 下,植物叶片色彩会迅速变红。2 000 lx 时,红光 LED、紫光 LED 照射下的植物叶片色彩会变浅,但始终为绿,不会变成红色;白光 LED、黄光 LED 照射下的植物叶片随着照射周期的延长,植物叶片有变红的趋势,绿光 LED 对叶绿素含量变化无明显影响。3 000 lx 光照强度下,窄叶石楠叶绿素变化十分稳定,无明显变化。

### 4.3.2 叶片形态指标数据及分析

叶片形态和解剖结构特征最能体现光环境影响及植物对光环境的适应性。植物叶片对光能吸收的特性,直接决定着植物的光能利用效率。不同植物物种在进化过程中,由于光照的不同而形成不同特性[153],尤其体现在植物叶长、叶宽等方面;植物叶面积会根据光照变化而变化[154]。研究人工光源对植物叶片形状的影响时,了解园林照明对园林植物生物遗传、形态等方面的影响具有重要的意义。

光照实验后,选取实验组成熟健康叶片作为观测材料,利用 Yaxin-1241 叶面积仪进行植物叶片离体测量,测量窄叶石楠叶片叶面积、叶长、叶宽、叶周等植物叶片指标,并导出测量数据。利用公式 $f=4\pi\alpha/p^2$ 计算植物叶片形状因子,确定窄叶石楠形态变化程度。

根据王旭军等对叶片进行方差计算的研究方法[155],利用 Excel 软件处理数据,得出每种被处理植物的叶片指标,并进行数据的方差分析。确定植物叶片随不同光照强度、不同光谱能量分布而变化的规律,得出人工光照窄叶石楠叶面积、叶长、叶宽、叶周长、长宽比及形态指标的变化,从而掌握植物叶片受光照条件影响的程度。

(1)相同光谱下叶片形态变化分析

相同光照强度下不同光谱对植物叶片形态指标的改变很小,见附表 4.1。根据所测得的不同光谱照射下的植物叶片的叶面积、叶宽、叶长、叶周长等指标进行标准差统计(图 4.13)并结合原始数据(附表 4.1),可对相关数据进行进一步处理(见表 4.7)。

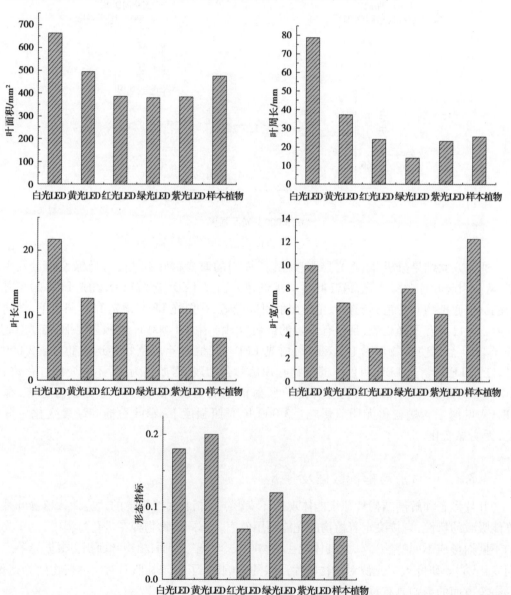

图 4.13 不同光谱照射的植物叶片指标

表 4.7 不同光谱照射的植物叶片指标的分析处理

| 标准差来源 | 叶面积/mm² | 叶周长/mm | 叶宽/mm | 叶长/mm | 形态指标 |
|---|---|---|---|---|---|
| 白光 LED | 662.51 | 78.69 | 9.96 | 21.63 | 0.18 |
| 黄光 LED | 492.67 | 37.27 | 6.76 | 12.57 | 0.20 |
| 红光 LED | 385.42 | 24.06 | 2.8 | 10.32 | 0.07 |
| 绿光 LED | 379.58 | 14.03 | 7.99 | 6.47 | 0.12 |
| 紫光 LED | 383.56 | 23.13 | 5.80 | 10.96 | 0.09 |
| 样本植物 | 474.65 | 25.56 | 12.29 | 6.51 | 0.06 |

标准差又称为均方差,表示一组平均值分散的度量。一个较大的标准差代表大部分数据和平均值之间差异较大,较小的标准差表示数值与平均值较接近。利用标准差与原始测量数据相结合的方式,对不同光谱照射下植物叶片指标数据进行分析可知,参照组植物叶片面积标准差为 374.65,远小于人工光源光谱下植物叶片面积的改变程度,仅受日光照射的健康植物叶片面积较稳定。人工光源照射会造成植物叶片面积上的差距,可能不利于植物叶片的发育。

分析不同光谱对叶片的影响,可知:①对植物叶面积的影响程度为白光 LED>黄光 LED>参照组>红光 LED>紫光 LED>绿光 LED;②对叶片周长的影响程度为白光 LED>黄光 LED>参照组>红光 LED>紫光 LED>绿光 LED;③对叶长的影响程度为白光 LED>黄光 LED>紫光 LED>红光 LED>参照组>绿光 LED;④对叶宽的影响程度为参照组>白光 LED>绿光 LED>黄光 LED>紫光 LED>红光 LED;⑤对植物形态指标的影响程度为黄光 LED>白光 LED>绿光 LED>紫光 LED>红光 LED>参照组。

综上,结合标准差及实测数据分析窄叶石楠叶片面积可知,白光 LED、黄光 LED 照射下的窄叶石楠叶片面积较正常植物叶片面积大,且呈狭长状;红光 LED、紫光 LED、绿光 LED 照射下植物叶面积较参照组的小,且叶片较短。

(2)相同光照强度下叶片形态变化规律

对所测得的不同光照强度下的窄叶石楠叶面积、叶周长、叶长、叶宽、形态指标进行标准差计算。通过比较不同光照强度下的植物叶片指标偏离度,得出 1 000 lx、2 000 lx、3 000 lx 照射对植物形态的影响程度,同时得出植物叶片的形态变化规律。

对不同光照强度下的窄叶石楠叶面积、叶周长、叶宽、叶长、长宽比及形态因子进行标准差计算(表 4.8),并结合标准差与实测数据分析得出:①对窄叶石楠叶面积的影响程度为 3 000 lx 光照影响>1 000 lx 光照影响>参照组>2 000 lx 光照影响;②对叶周长的影响程度为 1 000 lx 光照影响>3 000 lx 光照影响>2 000 lx 光照影响>参照组;③对叶长的影响程度为 1 000 lx 光照影响>3 000 lx 光照影响>参照组>2 000 lx 光照影响;④对叶宽的影响程度为 1 000 lx 光照影响>2 000 lx 光照影响>参照组>3 000 lx 光照影响;⑤对植物形态指改变的影响程度为 1 000 lx 光照影响>2 000 lx 光照影响>3 000 lx 光照影响>参照组。

表 4.8　不同光强照射的窄叶石楠叶片指标分析及处理结果

| 标准差来源 | 叶面积/mm² | 叶周长/mm | 叶长/mm | 叶宽/mm | 形态指标 |
|---|---|---|---|---|---|
| 1 000 lx | 487.83 | 35.03 | 12.01 | 9.07 | 0.18 |
| 2 000 lx | 410.63 | 24.58 | 8.76 | 6.48 | 0.16 |
| 3 000 lx | 493.65 | 28.11 | 11.76 | 6.27 | 0.11 |
| 参照组 | 423.47 | 21.90 | 10.05 | 6.38 | 0.03 |

综上,结合标准差及附表 4.1 的数据可知,只要对植物进行人工光照,植物的形态指标就会发生变化。3 000 lx、1 000 lx 照射下的窄叶石楠叶片面积的标准差离散度较大,所以此光照强度下植物叶片面积差距较大,结合实际测量数据可知,3 000 lx、1 000 lx 光照强度下植物叶面积改变量较大。同理可知:1 000 lx 照射下植物叶片面积、叶周长增大,叶长、叶宽也有较大改变,且植物叶片整体较参照组植物叶片大;2 000 lx 照射下的植物叶片叶面积、叶周长变大,叶片整体较参照组植物叶片短且宽;3 000 lx 照射下的植物叶片叶面积、叶周长增大,叶片整体较参照组植物狭长。

### 4.3.3　叶芽生长数据及分析

对每株窄叶石楠叶芽数量进行计数记录,直至叶芽数量不断减少,计数时仅包含没有完全展开的芽苞。利用 origin9.0 对数据进行对比,确定植物叶芽随光照强度、光谱能量分布的变化而变化的规律,从而掌握植物叶芽受光照条件影响的程度。

（1）不同光谱照射下的叶芽数量变化分析

利用 origin9.0 处理数据,绘制相同光谱能量分布、不同光照强度下窄叶石楠叶芽数量变化图,第 1 次测量为未受人工光源照射时植物的生理状态。根据图 4.14 可知:①白光 LED,2 000 lx 光照强度下叶芽生发率极高,大于 1 000 lx 和 3 000 lx 光照下的叶芽的数量;但后期,3 000 lx 光照强度下叶芽数量不断增多,在同种光谱下达到数量最多。②黄光 LED,2 000 lx 光照强度下叶芽数量高于 3 000 lx 和 1 000 lx 光照;③红光 LED,叶芽数量的增长量基本相同。1 000 lx 光照条件下叶芽数量高于 3 000 lx 和 2 000 lx 光照强度;④绿光 LED,3 000 lx 光照下的叶芽数量增加较快;1 000 lx 与 2 000 lx 光照强度下石楠叶芽增长速率基本

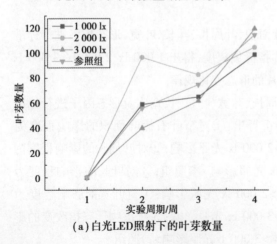

（a）白光LED照射下的叶芽数量

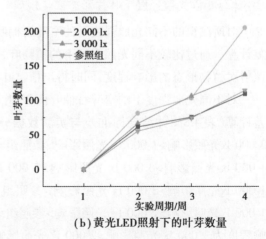

（b）黄光LED照射下的叶芽数量

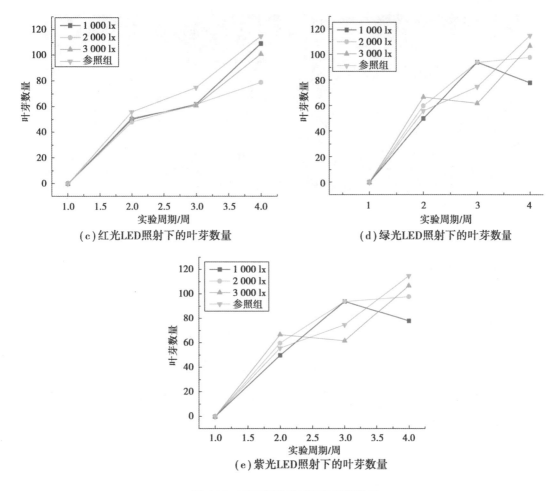

（c）红光LED照射下的叶芽数量　　　　（d）绿光LED照射下的叶芽数量

（e）紫光LED照射下的叶芽数量

图4.14　不同光谱照射下的叶芽数量

一致；⑤紫光LED，3个光照强度下叶芽数量均匀速增多，3 000 lx 光照强度下叶芽数量最多，高于2 000 lx 和 1 000 lx 光照强度下的。

综上可知，窄叶石楠叶芽数量与所受人工光照强度成正比，仅黄光LED与红光LED出现低光照强度下的叶芽数量增多，红光LED与黄光LED在波长6 00~700 nm能量较高，为植物花芽生长提供了更多的能量，此时，花芽受光照强度影响更大。人工光照下，窄叶石楠叶芽、花芽状况如图4.15所示。

图 4.15　人工光照下窄叶石楠叶芽、花芽状况

（2）5 种光谱 3 种光强照射下叶芽数量变化规律

对相同光谱不同光强下窄叶石楠叶芽数量进行统计,并利用 origin9.0 进行线性拟合处理,得出图 4.16。

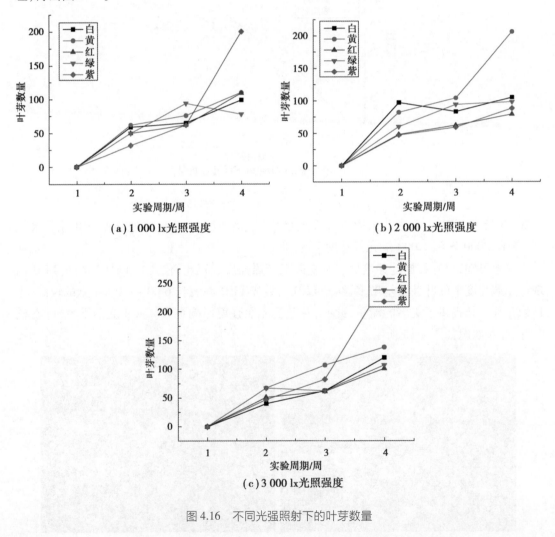

图 4.16　不同光强照射下的叶芽数量

窄叶石楠部分叶芽生长为嫩叶,计数过程并未包括嫩叶数量,由图4.16进行综合分析得:①1 000 lx 光照强度下,紫光 LED 照射的窄叶石楠叶芽数量最多,然后依次为黄光 LED、红光 LED、白光 LED、绿光 LED;②2 000 lx 光照强度下,黄光 LED 照射的窄叶石楠叶芽数量最多,然后依次为白光 LED、绿光 LED、红光 LED、紫光 LED;③3 000 lx 光照强度下,紫光 LED 照射的窄叶石楠叶芽数量最多,然后依次为黄光 LED、白光 LED、绿光 LED、红光 LED。

综上可知,在人眼感受的 1 000 lx 与 3 000 lx 光照强度下,紫光 LED 与黄光 LED 照射对窄叶石楠叶芽数量影响最为明显;2 000 lx 光照强度下,紫光 LED 对窄叶石楠叶芽数量影响最为明显。

## 4.4  人工光照影响窄叶石楠叶片指标的分析

### 4.4.1  模型构建理论

为了得出 15 种人工光照对植物叶片指标,即叶绿素含量(SPAD)、叶面积、叶长、叶宽、叶周长、叶形态、叶芽数量 7 项指标的影响程度,利用层次分析法结合聚类分析的思想[156]进行综合分析,确定影响程度权重,对光源改变植物叶片指标的优劣次序进行排定。层次分析法是能够对问题进行逐级分层并逐级分析。层次分析将问题剖析成小的组成元素,并按照组成元素之间的隶属关系将组成元素进行不同层次的组合,形成具有多个层次的分析模型,使问题最终分解为基本组成元素,即相对于总目标的相对重要权值。

层次分析法适用于分层交错的评价目标系统,是定性与定量结合的层次化分析。"人工光照影响窄叶石楠叶片指标模型"具有定量描述问题的特性,在模型建立及计算过程中,仅通过定量的计算方法进行矩阵的判断,即各层次中的各个因素都是量化的,进而根据结构间的关系构造判断矩阵,根据层次分析法的步骤计算出最大特征值 $\lambda_{max}$,利用公式计算特征向量同时进行归一化计算,得出某层次对于上一层次某相关指标的相对重要性权值,经过验证此方法具有可行性。

运用层次分析法构造系统模型的步骤及方法[157]如下:

步骤 1:建立递阶层次结构模型。根据本实验结果可知,每一层次中有 7 个元素被支配。

步骤 2:对每一层次的判断矩阵进行构造。根据准层中每一个目标衡量占有的比重之间的差异,将数学数字 1、2、3、4、5、6、7、8、9 及其导数用作标度定义(表 4.9),从而判断矩阵[158]的构造,公式为

$$\boldsymbol{A} = (a_{ij}) n \times n$$

步骤 3:层次单排序检验一致性。公式为

$$CI = \frac{\lambda_{max} - n}{n - 1}$$

定理:$n$ 阶一致阵的唯一非零特征根为 $n$;

表 4.9　判断矩阵标度定义

| 标　度 | 含　义 |
|---|---|
| 1 | 两个因素相比,具有相同重要性 |
| 3 | 两个因素相比,前者比后者稍重要 |
| 5 | 两个因素相比,前者比后者明显重要 |
| 7 | 两个因素相比,前者比后者强烈重要 |
| 9 | 两个因素相比,前者比后者极端重要 |
| 2,4,6,8 | 上述相邻判断的中间值 |
| 倒数 | 若因素 $i$ 与因素 $j$ 的重要性之比为 $a_{ij}$,那么因素 $j$ 与因素 $i$ 重要性之比为 $a_{ji}$,且 $a_{ji}=1/a_{ij}$ |

资料来源:参考文献[152]

定理: $n$ 阶正互反阵 $A$ 的最大特征根 $\lambda \geqslant n$,当且仅当 $\lambda = n$ 时 $A$ 为一致阵。

计算一致性指标(CI),其中 $\lambda_{\max}$ 为判断矩阵的最大特征值。平均随机一致性指标(RI)可在表 4.10 中查找。

表 4.10　平均随机一致性指标

| $n$ | 1 | 2 | 3 | 4 | 5 | 6 | 7 | 8 | 9 | 10 | 11 | 12 | 13 | 14 |
|---|---|---|---|---|---|---|---|---|---|---|---|---|---|---|
| RI | 0 | 0 | 0.52 | 0.89 | 1.12 | 1.24 | 1.32 | 1.41 | 1.46 | 1.49 | 1.52 | 1.54 | 1.56 | 1.58 |

资料来源:参考文献[152]

利用公式

$$CR = CI/RI$$

计算一致性比率(CR)。当 CR<0.10 时,可以接受矩阵的一致性。否则,对判断矩阵进行修正后重新判断矩阵的一致性。

步骤 4:层次总排序、一致性检验。

通过计算,得出最下层(底层)中所有因子相对于目标的排序权重,并对结果进行挑选,进一步对层次总排序的一致性进行检验,得出隔离层要素对系统总目标的合成权重,并对各个被选元素排序。

## 4.4.2　植物生物量模型分析

利用形态特征计算公式:

$$相对值百分比 = \frac{处理区域测定值}{对照区域测定值} \times 100\%$$

可对不同光照处理下窄叶石楠的形态特征进行相关分析。通过对植物叶片叶绿素含量(SPAD)、叶面积、叶长、叶宽、叶周长、叶形态、叶芽数量 7 项指标相对值(表 4.11)的分析,可得出窄叶石楠在 15 种人工光照下的形态特征改变情况。将测得的 7 个单项指标转化成 7 个主成分,进行主成分程序分析,得到样本特征向量。

表 4.11 窄叶石楠各项综合指标相对值

| 光照处理 | SPAD | 叶面积 | 叶 长 | 叶 宽 | 叶周长 | 叶形态 | 叶芽数 |
|---|---|---|---|---|---|---|---|
| 白 1000 | 0.85 | 0.85 | 1.1 | 0.65 | 0.92 | 0.9 | 0.86 |
| 白 2000 | 1.04 | 1.04 | 1.23 | 0.88 | 1.31 | 0.69 | 0.91 |
| 白 3000 | 1.03 | 1.14 | 1.03 | 1 | 0.97 | 1.05 | 1.04 |
| 黄 1000 | 0.98 | 0.99 | 1.09 | 0.81 | 0.93 | 1.14 | 0.96 |
| 黄 2000 | 1.18 | 1.07 | 1.04 | 0.91 | 0.92 | 1.1 | 1.79 |
| 黄 3000 | 1.10 | 1.09 | 0.98 | 0.91 | 0.95 | 1.08 | 1.2 |
| 红 1000 | 1.13 | 1.07 | 0.93 | 0.99 | 0.93 | 1.11 | 0.95 |
| 红 2000 | 1.03 | 1.36 | 1.05 | 1.1 | 1.05 | 1.08 | 0.69 |
| 红 3000 | 1.19 | 1.37 | 1.1 | 1.1 | 1.06 | 1.1 | 0.88 |
| 绿 1000 | 1.32 | 1.12 | 1.0 | 0.96 | 0.96 | 1.1 | 0.68 |
| 绿 2000 | 1.22 | 1.2 | 1.0 | 1.0 | 1.0 | 1.04 | 0.85 |
| 绿 3000 | 1.08 | 1.2 | 0.93 | 1.07 | 1.0 | 0.99 | 0.93 |
| 紫 1000 | 1.05 | 0.88 | 0.93 | 0.84 | 0.84 | 1.12 | 1.73 |
| 紫 2000 | 1.19 | 0.94 | 0.88 | 0.87 | 0.84 | 1.18 | 0.76 |
| 紫 3000 | 1.13 | 1.06 | 1.0 | 0.9 | 0.91 | 1.14 | 2.17 |

建立层次结构模型:将接近参照组植物叶片形态指标作为目标,叶面积、叶周长、叶长、叶宽、叶形态、叶绿素、叶芽 7 项生理指标作为考虑因素,以各光源处理作为决策对象,按照相互关系尝试得出层次结构模型(图 4.17)。

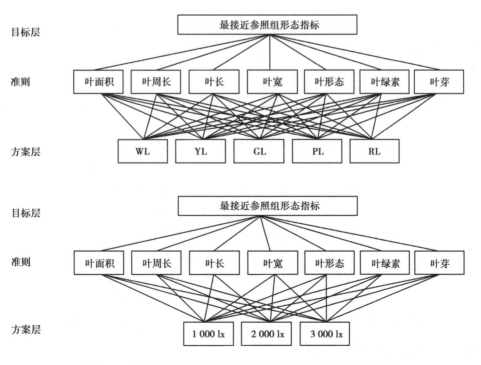

图 4.17 人工光照影响窄叶石楠叶片形态指标的层次结构模型

根据图 4.17 构造判断矩阵,在确定各层次因素权重时,此过程与传统层次分析的定性判断不同,利用实验数据进行定量的计算判定,互相比较,对比采用绝对尺度后,再利用 Saaty 提出的"一致矩阵法"进行矩阵判断,提高矩阵精确度。

根据表 4.11 及表 4.9 进行矩阵的判断及调整,得出窄叶石楠形态判断矩阵(表 4.12)。

表 4.12 窄叶石楠形态判断矩阵

| 接近参照组 | SPAD | 叶面积 | 叶 长 | 叶 宽 | 叶周长 | 叶形态 | 叶芽数 |
|---|---|---|---|---|---|---|---|
| SPAD | 1 | 2 | 3 | 1/2 | 2 | 2 | 1/2 |
| 叶面积 | 1/2 | 1 | 2 | 1/2 | 1 | 1 | 1/3 |
| 叶长 | 1/3 | 1/2 | 1 | 1/4 | 1/2 | 1/2 | 1/6 |
| 叶宽 | 2 | 2 | 4 | 1 | 2 | 2 | 1/2 |
| 叶周长 | 1/2 | 1 | 2 | 1/2 | 1 | 1 | 1/3 |
| 叶形态 | 1/2 | 1 | 2 | 1/2 | 1 | 1 | 1/3 |
| 叶芽数 | 2 | 3 | 6 | 2 | 3 | 3 | 1 |

简化计算:

设上述正互反矩阵为

$$A = \begin{pmatrix} 1 & 2 & 3 & 1/2 & 2 & 2 & 1/2 \\ 1/2 & 1 & 2 & 1/2 & 1 & 1 & 1/3 \\ 1/3 & 1/2 & 1 & 1/4 & 1/2 & 1/2 & 1/6 \\ 2 & 2 & 4 & 1 & 2 & 2 & 1/2 \\ 1/2 & 1 & 2 & 1/2 & 1 & 1 & 1/3 \\ 1/2 & 1 & 2 & 1/2 & 1 & 1 & 1/3 \\ 2 & 3 & 6 & 2 & 3 & 3 & 1 \end{pmatrix}$$

判断矩阵最大特征根及其对应的特征向量,得出上一层因素对本层各因素的影响的重要性排序。

列向量归一化及一致性检验,利用公式

$$a_{ij}\% = \frac{a_{ij}}{\sum_{i=1}^{n} a_{ij}} \begin{pmatrix} 0.146 & 0.190 & 0.15 & 0.095 & 0.095 & 0.095 & 0.158 \\ 0.073 & 0.095 & 0.10 & 0.095 & 0.190 & 0.190 & 0.105 \\ 0.049 & 0.048 & 0.05 & 0.048 & 0.048 & 0.048 & 0.053 \\ 0.293 & 0.190 & 0.20 & 0.190 & 0.095 & 0.095 & 0.158 \\ 0.073 & 0.095 & 0.10 & 0.095 & 0.095 & 0.095 & 0.105 \\ 0.073 & 0.095 & 0.10 & 0.095 & 0.095 & 0.095 & 0.105 \\ 0.293 & 0.286 & 0.30 & 0.381 & 0.381 & 0.381 & 0.316 \end{pmatrix}$$

经过归一化处理,向量中各元素之和为 1。然后对层次单排序进行一致性检验。行向量归一化,可利用公式 $\vec{W} = (\vec{W_1}, \vec{W_2}, L, \vec{W_n})^T$ 算出

$$\overrightarrow{W} = \begin{pmatrix} 0.133 \\ 0.121 \\ 0.049 \\ 0.174 \\ 0.094 \\ 0.094 \\ 0.334 \end{pmatrix}$$

求行和归一化及一致性检验,求出

$$AW = \begin{pmatrix} 1.152\ 642\ 857 \\ 0.672\ 333\ 333 \\ 0.347\ 226\ 19 \\ 1.421\ 714\ 286 \\ 0.672\ 333\ 333 \\ 0.672\ 333\ 333 \\ 2.170\ 571\ 429 \end{pmatrix}$$

$$AW = \lambda \overrightarrow{w} \to \lambda = \frac{1}{7}\left(\frac{1.153}{0.133} + \frac{0.672}{0.121} + \frac{0.347}{0.049} + \frac{1.422}{0.174} + \frac{0.672}{0.094} + \frac{0.672}{0.094} + \frac{2.171}{0.334}\right) = 7.179$$

表 4.13 为 1 000 lx 人工光照下窄叶石楠叶片形态指标判断,其详细计算过程及结果见附图 4.1—附图 4.24。

表 4.13  1 000 lx 人工光照下窄叶石楠叶片形态指标判断

| 准则层对目标层的判断矩阵及单排序和一致性检验 | | | | | | | | | | | | | |
|---|---|---|---|---|---|---|---|---|---|---|---|---|---|
| | SPAD | 叶面积 | 叶长 | 叶宽 | 叶周长 | 叶形态 | 叶芽数 | 按行相乘 | 开n次方 | 权重 $W_i$ | $AW_i$ | $AW_i / W_i$ | CI | CR |
| SPAD | 1 | 2 | 3 | 0.5 | 2 | 2 | 0.5 | 6 | 1.29 | 0.158 | 1.13 | 7.14 | | |
| 叶面积 | 1/2 | 1 | 2 | 0.5 | 1 | 1 | 0.33 | 0.167 | 0.77 | 0.094 | 0.66 | 7.02 | | |
| 叶长 | 1/3 | 1/2 | 1 | 0.25 | 0.5 | 0.5 | 0.167 | 0.0017 | 0.4 | 0.049 | 0.35 | 7.0 | | |
| 叶宽 | 2 | 2 | 4 | 1 | 2 | 2 | 0.5 | 32 | 1.64 | 0.20 | 1.44 | 7.16 | | |
| 叶周长 | 1/2 | 1 | 2 | 1/2 | 1 | 1 | 0.33 | 0.167 | 0.77 | 0.094 | 0.66 | 7.02 | | |
| 叶形态 | 1/2 | 1 | 2 | 1/2 | 1 | 1 | 0.33 | 0.167 | 0.77 | 0.095 | 0.66 | 7.02 | | |
| 叶芽数 | 2 | 3 | 6 | 2 | 3 | 3 | 1 | 648 | 2.52 | 0.31 | 2.17 | 7.05 | 0.01 | 0.0076 |
| | | | | | | | | 8.18 | | 7.06 | | | | |
| 方案层对叶芽数准则的判断矩阵及单排序和一致性检验 | | | | | | | | | | | | | |
| 叶芽数 | 白光 | 黄光 | 红光 | 绿光 | 紫光 | 按行相乘 | 开n次方 | 权重 $W_i$ | $AW_i$ | $AW_i / W_i$ | CI | CR | |
| 白光 | 1 | 3 | 3 | 1/2 | 1/3 | 1.5 | 1.08 | 0.149 | 0.74 | 5.0 | | | |

续表

| | | | | | | | | | | | | |
|---|---|---|---|---|---|---|---|---|---|---|---|---|
| 黄光 | 1/3 | 1 | 1 | 1/6 | 1/9 | 0.006 2 | 0.36 | 0.05 | 0.25 | 5.0 | | |
| 红光 | 1/3 | 1 | 1 | 1/6 | 1/9 | 0.006 2 | 0.36 | 0.05 | 0.25 | 5.0 | | |
| 绿光 | 2 | 6 | 6 | 1 | 1/2 | 36 | 2.05 | 0.28 | 1.41 | 5.0 | | |
| 紫光 | 3 | 9 | 9 | 2 | 1 | 486 | 3.45 | 0.47 | 2.37 | 5.02 | 0.0025 | 0.0019 |
| | | | | | | 7.30 | | | | 5.0 | | |

层次总排序计算

| 七准则 $a_i$ | SPAD | 叶面积 | 叶长 | 叶宽 | 叶周长 | 叶形态 | 叶芽数 | $a_i b_i$ | 总排序 |
|---|---|---|---|---|---|---|---|---|---|
| | 0.16 | 0.095 | 0.049 | 0.20 | 0.095 | 0.095 | 0.31 | | $\sum a_i b_i$ |

五种光 $b_i$

| | SPAD | 叶面积 | 叶长 | 叶宽 | 叶周长 | 叶形态 | 叶芽数 | $a_i b_i$ | | | 总排序 | | | |
|---|---|---|---|---|---|---|---|---|---|---|---|---|---|---|
| 白光 | 0.21 | 0.28 | 0.25 | 0.42 | 0.18 | 0.13 | 0.15 | 0.03 | 0.03 | 0.01 | 0.08 | 0.02 | 0.01 | 0.05 | 0.23 |
| 黄光 | 0.04 | 0.033 | 0.25 | 0.25 | 0.14 | 0.36 | 0.05 | 0.007 | 0.003 | 0.012 | 0.05 | 0.013 | 0.03 | 0.015 | 0.136 |
| 红光 | 0.18 | 0.15 | 0.24 | 0.03 | 0.14 | 0.17 | 0.05 | 0.029 | 0.014 | 0.0117 | 0.0055 | 0.014 | 0.016 | 0.015 | 0.1047 |
| 绿光 | 0.47 | 0.27 | 0.031 | 0.06 | 0.12 | 0.13 | 0.28 | 0.075 | 0.025 | 0.0015 | 0.013 | 0.011 | 0.012 | 0.086 | 0.22 |
| 紫光 | 0.09 | 0.27 | 0.24 | 0.24 | 0.42 | 0.2 | 0.5 | 0.014 | 0.025 | 0.012 | 0.05 | 0.04 | 0.02 | 0.15 | 0.3 |

层次总排序一致性检验

| $CI_i$ | 0.0091 | 0.0079 | 0.00253 | 0.03708 | 0.0146 | 0.0772 | 0.0025 | CI=$\sum a_i CI_i$ | RI=$\sum a_i RI_i$ | CR=CI/RI |
|---|---|---|---|---|---|---|---|---|---|---|
| $RI_i$ | 1.32 | 1.32 | 1.32 | 1.32 | 1.32 | 1.32 | 1.32 | 0.0192 | 1.32 | 0.014 5 |

关于人工光照影响窄叶石楠叶片形态指标综合评价,通过模型计算得出,人工光照对窄叶石楠叶芽数量影响最为明显,无论何种人工光源照射,植物叶芽数量都明显增多,以3 000 lx光照下叶芽增加量最大。叶芽数量的改变直接影响了植株的疏密度,是影响植物形态极为重要的因素。其次,植物的叶面积也有所改变,以2 000 lx、3 000 lx 光照下叶面积增加量最为明显。通过计算还得出,人工光照对窄叶石楠叶片叶绿素含量影响极小,即对窄叶石楠叶片色彩的影响极小。

关于人工光照对窄叶石楠形态指标的改变,根据模型计算得出:1 000 lx 光照强度下,紫光 LED 对窄叶石楠的影响最为明显,然后依次为白光 LED、黄光 LED、绿光 LED、红光 LED;2 000 lx 红光照射下,窄叶石楠的形态指标改变最为明显,然后依次为紫光 LED、黄光 LED、绿光 LED、白光 LED;3 000 lx 光照下,紫光照射对窄叶石楠形态指标改变最大,然后依次为红光 LED、黄光 LED、绿光 LED、白光 LED。根据结果分析可得出,在园林植物照明中紫光 LED、红光 LED 对窄叶石楠形态指标影响最为明显,绿光 LED、白光 LED 影响较弱。

## 4.5　人工光照影响窄叶石楠叶片形态的讨论

在人工光照影响窄叶石楠叶片形态的实验中,叶片形态指标的测量是实验的重要内容。实验从植物叶片叶绿素含量、叶片形态指标及叶芽数量 3 方面进行,并对实验结果进行分析。有研究表明,花色素苷含量变化与叶绿素相反:强光下类胡萝卜素含量增加[25],叶绿素含量减少[133]。随着光照强度的减弱,叶绿素含量增加,叶片呈绿色,这与于晓南及张琰等的研究结果一致。通过对窄叶石楠叶片色彩的比较分析得出:白光 LED 对植物叶片色彩变化的影响较其他光谱大,由于其富含较多的蓝光光谱成分,其中 1 000 lx 光照强度下植物叶绿素含量变化率达到 10.1%。增加绿光 LED 会提高植物叶片色彩变化的敏感度;紫光 LED 照射的植物叶片色彩会逐渐变淡,但始终为绿。

受 LED 光源照射的植物形态指标均大于参照组植物,可以肯定人工光源对植物叶片的形态具有明显的影响作用。受人工光源照射的窄叶石楠叶片,总体较参照组叶片的叶长长、叶宽小,呈狭长状,且叶面积、叶周长有所增加。植物叶片是植物重要的营养器官,也是植物进行光合作用、呼吸作用及蒸腾作用的重要场所,叶片的大小直接影响着植物的能量积累,人工光照对植物叶片形态的干扰,是植物生物节律受影响的积累下的表象特征。

叶芽的数量决定着植物的疏密度,会随人工光照发生变化。白光 LED、黄光 LED 2 000 lx 光照强度下叶芽数量急速降低,说明叶芽迅速展开成为幼叶,白光 LED、黄光 LED 对叶芽生发具有一定的诱导作用。叶芽数量的多少直接影响着植株后期叶片的多少,影响着植株的疏密度,另外,叶片数量增加也会使植株形态发生改变。

分析人工光照影响窄叶石楠叶片指标综合模型得出:人工光照对窄叶石楠叶绿素含量改变极微小。根据光源光谱能量分布可知,对植物叶片色彩起主要作用的是 100~400 nm 的紫外光和 400~520 nm 的蓝光,其差异性与测量季节、室外温度有极大关系。且根据计算得出,紫光 LED、红光 LED 对窄叶石楠叶片形态指标影响最为明显,绿光 LED、白光 LED 影响较弱,可作为窄叶石楠照明的技术指导。紫光 LED、红光 LED 对窄叶石楠的植株形态具有一定的诱导作用,也可为窄叶石楠的苗木栽培提供技术参数。

## 4.6　本章小结

叶片是植物获取光照的主要器官,改变了光照环境,植物叶片面积、叶片数量、叶绿素含量会因为对光能的捕获发生改变而改变。通过分析人工光照对窄叶石楠叶绿素含量、叶片形态及叶芽数量的改变作用,统计得出了人工光照引起窄叶石楠叶片形态指标变化的规律,成为人工光照影响窄叶石楠生物节律的研究基础。

①植物叶绿素含量的变化会影响植物叶片色彩的变化,叶绿素含量高,叶片色彩偏绿,叶绿素含量低,叶片色彩偏红。通过分析窄叶石楠叶绿素含量的变化得出:白光 LED、紫光 LED、红光 LED 的照射能够引起植物叶片色彩的变化。在白光 LED、紫光 LED 照射下,窄叶石楠叶绿素含量有下降趋势,且有少量的红色叶片产生。1 000 lx 光照强度下,红光 LED、紫光 LED 促使叶绿素含量增多;白光 LED 下,叶绿素含量降低,黄光 LED、绿光 LED 对叶绿素含量的改变作用不明显。2 000 lx 光照强度下,红光 LED、紫光 LED 照射的植物叶绿素含量降低,但叶片始终为绿色,不会变成红色;白光 LED、黄光 LED 照射下的叶绿素含量随着照射周期延长,植物叶片有变红的趋势,绿光 LED 对窄叶石楠叶绿素含量影响不明显。

②在窄叶石楠叶片形态方面,受人工光照射的窄叶石楠叶片,总体呈现出较参照组窄叶石楠叶长更长、叶宽更小的狭长状,且叶面积、叶周长都有所增加。白光 LED、黄光 LED 照射下窄叶石楠叶片整体较样本叶片偏大,呈狭长形;红光 LED 照射下的窄叶石楠叶片变得极窄;紫光 LED、绿光 LED 照射下植物叶片宽度降低。

③叶芽数量体现整株植物叶片数量,代表植物后期的疏密度。通过窄叶石楠叶芽数量的统计分析得出:1 000 lx 光照强度时,紫光 LED 照射的窄叶石楠叶芽数量最多,植物将最为茂密,其次是黄光 LED、红光 LED,绿光 LED、白光 LED 对窄叶石楠叶芽数量的影响不明显;2 000 lx 光照强度时,紫光 LED 与红光 LED 照射的窄叶石楠叶芽数量增多,其他光源光照影响不明显;3 000 lx 光照强度时,紫光 LED 照射的窄叶石楠叶芽明显增多,植株将最为茂盛,其他光源照射对叶芽数量的影响程度较小。在植物叶芽生长方面,紫光 LED 对叶芽的生发具有极强的促进作用。

④分析窄叶石楠综合叶片指标变化,通过对统计模型的计算得出:1 000 lx 光照强度下,紫光 LED 照射对植物叶片大小的改变最为明显,然后依次为白光 LED、绿光 LED、黄光 LED、红光 LED;2 000 lx 光照强度下,红光 LED 照射窄叶石楠的形态指标改变最为明显,然后依次为紫光 LED、黄光 LED、绿光 LED、白光 LED;3 000 lx 光照强度下,紫光 LED 对窄叶石楠叶片形态改变最大,然后依次为红光 LED、黄光 LED、绿光 LED、白光 LED。紫光富含蓝光成分多且光谱较纯,能够提高植物对光能的利用率,对植物叶片形态大小改变较明显。

# 5 人工光照与窄叶石楠光合节律实验研究

## 5.1 窄叶石楠人工光照实验的方法及设备

### 5.1.1 实验方法

净光合速率、气孔导度及蒸腾速率是植物光合作用的重要评价指标,植物光合作用涉及光能的吸收、能量转换等过程。窄叶石楠的叶片净光合速率及其他光合生理指标,是利用Li-6400光合仪(图5.1)测量的(该光合仪的性能参数见表5.1、表5.2)。实验测量选取植株冠层第3片健康叶片,利用绳索标记,确保所测量的植物叶片中脉两边宽度一致、对称且生理状态一致,分别测量每片植物叶片的日间光合指标及夜间人工光照下的光合指标3次。

图 5.1　Li-6400 光合仪

通过对窄叶石楠同一季节中白天光响应曲线、净光合速率、气孔导度及蒸腾速率等生理指标的检测,即可得出经过人工光照后窄叶石楠的光合生物节律变化。夜间没有光源照射时,植物不进行光合作用,样本植物夜间无光合指标值,所以样本植物夜间光合指标参数无法测量。

表 5.1　Li-6400 光合仪性能参数 1

| 参　数 | $CO_2$ 分析器 | $H_2O$ 分析器 |
|---|---|---|
| 类型 | 绝对开路式非色散红外分析器 | 绝对开路式非色散红外分析器 |
| 量程 | 0~3100 μmol/mol | 0~75 mmol/mol,或 40 ℃露点 |
| 精度 | 350μmol/mol 时:<br>RMS 0.07μmol/mol@ 1s 信号;<br>RMS 0.04 μmol/mol@4s 信号 | 20 mmol/mol 时:<br>RMS 0.009 mmol/mol@ 1s 信号;<br>RMS 0.007 mmol/mol@ 4s 信号 |
| 准确度 | 最大误差:±5 μmol/mol | 最大误差: ±1.0 mmol/mol |

表 5.2　Li-6400 光合仪性能参数 2

| 电源要求 | A(电流消耗取决于系统设置),瞬间峰值<10 A | | |
|---|---|---|---|
| 尺寸 | 主机 25.4 cm×14.5 cm×15 cm;传感器头 11.1 cm×4.3 cm×5.3 cm | | |
| 质量 | 9 kg,不计野外支架 | | |
| 输出光强范围(白光) | 高达 2 000 μmol/($m^2 \cdot s$) | | |
| 光色 | 红光 | 绿光 | 蓝光 |
| 最大输出/($\mu mol \cdot m^{-2} \cdot s^{-1}$) | >1 000 | >700 | >800 |
| 中心波长/nm | 635±5 | 522±5 | 460±5 |
| 半功率带宽/nm | 16 | 35 | 24 |
| 输出光强空间均一性 | ±10%,在 90%输出面积内 | | |
| 功耗 | ≤45 W @ 2000 μmol/($m^2 \cdot s$)(白光) | | |
| 工作温度 | 0~50 ℃ | | |
| 工作湿度 | 0~95%,无冷凝 | | |

　　测试前调试设备,检查过滤管中药品情况。检查"$CO_2$ SCRUB 过滤管"中的苏打(呈粉红色),确保化学药品的有效性;检查"DESICCANT 过滤管"中的干燥剂,确保干燥剂为蓝色、有效。多次检验过滤管盖帽,检验固定化学药品是否正确地安装在主机的相应位置,分别将进气管、外接气筒、参比室、样本室与主机端的气路接口连接,连接主机电缆,固定螺丝。仪器硬件连接后进行半小时设备预热。实验开始前校准仪器并匹配二氧化碳浓度,根据仪器页面指示选择测定植物光合指标。测量时,一个人负责固定叶室与叶片,确保不损伤植物叶片,其他人进行仪器光合指标的阅读及记录,当显示屏 CI 为正,且 photo 指针在最大值附近

来回跳动时,按下记录键记录一组实验数据,每片叶子重复测量 3 次。如实验过程出现错误,需重新测量。

夜间测量时,将二氧化碳通气管螺栓调至"scrub"模式,以控制空气湿度,降低夜间因湿度过高而引起的测量数据不准确。导出 Li-6400 光合仪所测得的数据,舍去因操作错误造成的错误数据,并利用 Excel 对测得的光合指标值进行平均值计算。

4 次植物净光合速率值的获取分别为:第 1 次测量(3 月 2 日),测量时间为 9:00,此次日间测量值为植物未进行人工光照前的基础指标;夜间植物净光合速率测量时间为 20:00,为植物首次受人工光照时的净光合指标。第 2 次测量(3 月 25 日)人工光照 3 周后植物的光合数据,日间测量时间为 9:00,夜间测量时间为 20:00;第 3 次测量(4 月 12 日)人工光照 6 周后植物净光合数据,日间测量时间为 9:00,夜间测量时间为 20:00;第 4 次测量(4 月 27 日)人工光照 9 周后的植物净光合数据,日间测量时间为 9:00,夜间测量时间为 20:00。

### 5.1.2  实验仪器

Li-6400 光合仪可以在实验过程中控制植物叶室的物理环境指标,如二氧化碳($CO_2$)浓度,水的浓度及相对湿度、温度等。探头装置红/蓝 LED 光源可以在 $0\sim2\,000\ \mu mol/(m^2\cdot s)$ 连续变化,且不产生热量,不会对叶片产生扰动。

Li-6400 光合仪的原理图如图 5.2 所示,它的主要特点如下:①具有开路式系统,能够确保实验窄叶石楠叶室中的物理环境与叶室外的环境同步变化,降低了实验过程中物理环境变化对实验结果的干扰;②具有灵敏的传感器探头,可有效地测量植物叶片周围 $CO_2$ 和 $H_2O$ 的变化,确保了实验过程中气体交换的瞬时性;③实验植物叶片叶室内部物理条件可随机调节,同时兼具自动、人工调节两种功能;④可以对光响应曲线、光诱导曲线、$CO_2$ 响应曲线、荧光光响应曲线、光呼吸曲线、荧光 $CO_2$ 响应曲线、荧光动力学曲线、荧光循环曲线等进行自动测量。

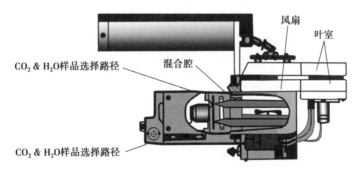

图 5.2  Li-6400 光合仪原理图

# 5.2 测量数据及其分析

### 5.2.1 窄叶石楠净光合速率的测量数据及其分析

对每次测得的光合数据进行平均值统计,整理4次测得的数据,并利用origin 9.0对数据进行线性拟合处理,处理结果如表5.3所示。

表5.3 窄叶石楠净光合速率统计表

| 光　　源 | 受人工光照后窄叶石楠日间净光合速率 | | | | 窄叶石楠夜间净光合速率 | | |
| --- | --- | --- | --- | --- | --- | --- | --- |
| | 1 000 lx | 2 000 lx | 3 000 lx | 参照组 | 1 000 lx | 2 000 lx | 3 000 lx |
| 白光 LED | 2.85 | 2.5 | 4.39 | 6.17 | 3.72 | 3.69 | 8.97 |
| | 5.55 | 3.97 | 7.33 | 6.17 | 1.62 | 3.39 | 7.21 |
| | 9.77 | 8.4 | 9.58 | 7.33 | 2.49 | 2.74 | 4.1 |
| | 5.47 | 4.7 | 5.54 | 6.15 | 0.99 | 0.86 | 3.4 |
| 黄光 LED | 2.3 | 4.88 | 4.24 | 6.17 | 3.59 | 3.34 | 9.38 |
| | 4.38 | 3.2 | 6.74 | 6.17 | 3.69 | 4.53 | 5.56 |
| | 8.25 | 8.52 | 9.32 | 7.33 | 3.11 | 2.38 | 4.02 |
| | 5.02 | 4.34 | 5.77 | 6.15 | 0.67 | 1.1 | 3.4 |
| 红光 LED | 3.13 | 4.71 | 6.15 | 6.17 | 3.25 | 3.95 | 9.12 |
| | 4.29 | 2.53 | 8.98 | 6.17 | 4.23 | 6.64 | 8.18 |
| | 7.47 | 8.26 | 9.79 | 7.33 | 3.59 | 2.87 | 4.5 |
| | 3.57 | 4.84 | 5.89 | 6.15 | 0.99 | 1.62 | 3.43 |
| 绿光 LED | 3.56 | 4.27 | 5.32 | 6.17 | 3.15 | 2.56 | 9.34 |
| | 3.77 | 3.37 | 8 | 6.17 | 4.42 | 5.87 | 7.76 |
| | 8.39 | 8.49 | 9.41 | 7.33 | 3.47 | 3.14 | 4.31 |
| | 5.27 | 3.88 | 5.36 | 6.15 | 1.79 | 1.82 | 3.48 |
| 紫光 LED | 4.4 | 4.54 | 4.55 | 6.17 | 2.88 | 9.58 | 9.59 |
| | 3.15 | 2.95 | 6.66 | 6.17 | 4.47 | 6.12 | 7.19 |
| | 8.28 | 7.9 | 8.97 | 7.33 | 2.19 | 2.65 | 3.71 |
| | 4.33 | 3.19 | 5.36 | 6.15 | 1.46 | 2.5 | 2.84 |

(1)相同光谱下窄叶石楠净光合速率变化趋势

根据表5.4可知,植物的净光合速率变化趋势为:

①植物日间净光合速率整体高于夜间人工光照下的净光合速率;②未受人工光源照射的参照组植物日间净光合速率虽受气候等环境因素干扰,但生物节律指标波动变化较小;③随着人工光照周期的延长,不同光照强度下窄叶石楠日间的净光合速率波动非常明显,整体具有相同的变化趋势,与所受光照强度、光谱能量分布影响不大;④植物夜间净光合速率随着光照周期的延长呈现整体下降的趋势,最后趋于平稳;不同光照强度下植物净光合速率的变化率不同;⑤只要进行人工光源照射,植物的夜间净光合速率就会大于零;⑥第三次测量由于天然照度变化,窄叶石楠日间净光合速率波动极大;夜间净光合速率趋于平稳,不随日间天然照度而变化。

表5.4 相同光谱下窄叶石楠净光合速率变化趋势

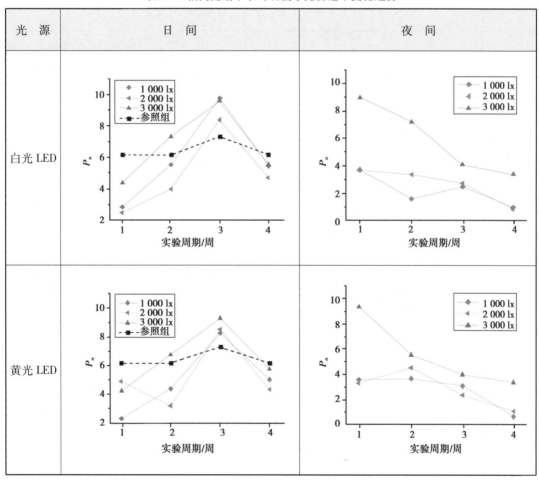

续表

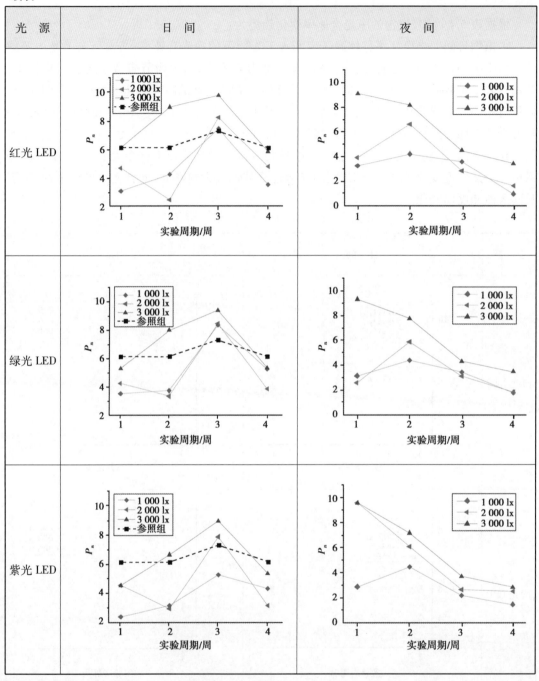

根据表 5.5 可知,受人工光源照射的植物净光合速率与仅受日光照射的参照组植物净光合速率的波动情况不同。参照组植物的净光合速率波动不明显,波动程度小于受人工光照的植物的日间净光合速率。

白光 LED 照射的窄叶石楠净光合速率变化趋势为:日间净光合速率改变量为 2 000 lx>1 000 lx>3 000 lx。夜间植物净光合速率呈下降趋势,首次受人工光照后窄叶石楠夜间净光

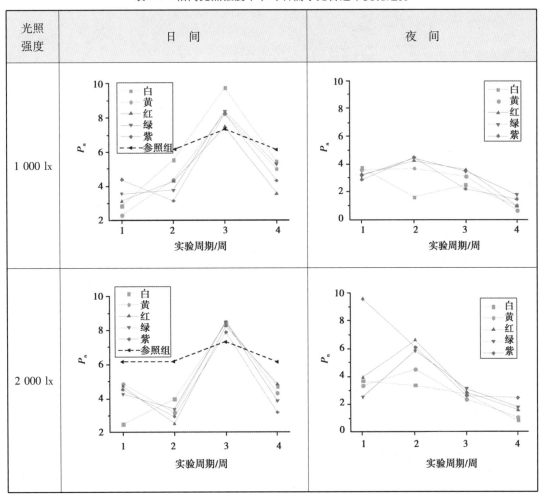

合速率达到最高;且人工光照下植物净光合速率与光照强度成正比,3 000 lx 照射下的植物夜间净光合速率甚至接近植物日间的净光合速率,2 000 lx 和 1 000 lx 照射下的小于 3 000 lx 照射下的。

黄光 LED、红光 LED、绿光 LED、紫光 LED 照射下的植物日间、夜间净光合速率与白光 LED 照射下的植物净光合速率变化趋势相同。白光 LED、黄光 LED、红光 LED、绿光 LED 2 000 lx 与 1 000 lx 照射下的植物夜间净光合速率相近,仅紫光 2 000 lx 下的植物净光合速率高于 1 000 lx 下的。

根据表 5.5 可知,由于环境因素控制较好,测量指标未受气温、日光强度、湿度变化影响,参照组植物日间净光合速率指标波动不大,窄叶石楠生物节律较稳定。受人工光源照射下的窄叶石楠可利用仪器测量夜间净光合速率。首次对植物进行照明后(3 月 2 日)所测量的数据表现出植物对光照的极不适应现象,净光合速率极高,甚至高于日间净光合速率,生物节律受到强烈光环境干扰。

表 5.5 相同光照强度下窄叶石楠净光合速率变化趋势

续表

| 光照强度 | 日 间 | 夜 间 |
|---|---|---|
| 3 000 lx | 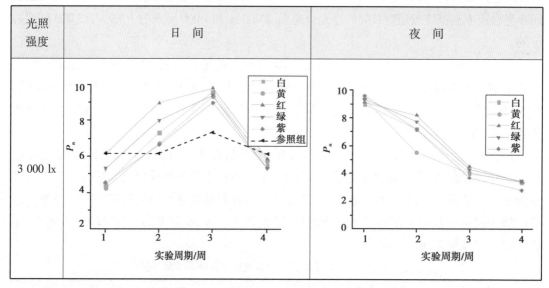 | |

（2）相同光照强度下窄叶石楠净光合速率变化趋势

对相同光照强度照射的窄叶石楠的日间、夜间净光合速率值进行平均数统计，并利用origin 9.0 进行线性拟合处理，如表 5.5 所示。相同光照强度下窄叶石楠净光合速率的变化趋势比较可知：①由于测量当天天然光照度较高，在第 3 次测量时，5 种光谱照射下的植物日间净光合速率均上升明显，此时参照组植物也出现了增高趋势；②1 000 lx 光照强度下白光LED 照射的窄叶石楠日间净光合速率的变化速率最为明显，高于其他光谱照射下植物的净光合速率值；③2 000 lx 光照强度时 5 种光谱照射的窄叶石楠均在第 2 次日间测量出现了净光合速率降低的现象；④3 000 lx 光照强度下，5 种光谱照射的窄叶石楠日间净光合速率随光照时间延长而不断上升，且在第 3 次测量时出现峰值；⑤3 000 lx 光照强度下 5 种光谱照射的窄叶石楠夜间净光合速率最高，且 1 000 lx、2 000 lx 光照强度照射时窄叶石楠夜间净光合速率值基本相同，仅 2 000 lx 光照强度下紫光 LED 照射的窄叶石楠夜间净光合速率高，且等同其 3 000 lx 光照强度照射下的植物夜间净光合速率值。

1 000 lx 光照强度时：①白光 LED 照射的窄叶石楠日间净光合速率高于其他光谱照射下的日间净光合速率。②植物夜间净光合速率呈逐渐降低的趋势，其中绿光 LED 照射的窄叶石楠净光合速率变化较慢。随着照射时间延长，5 种光谱照射下窄叶石楠夜间净光合速率变化趋势基本一致，呈现出随光照时间延长而下降的趋势。

2 000 lx 光照强度时：①受人工光照的窄叶石楠日间净光合速率变化高于参照组植物；且白光 LED 照射的植物日间净光合速率变化高于其他光谱照射下的。②紫光 LED 照射下窄叶石楠日间净光合速率变化最大。③对夜间净光合速率的影响以白光 LED、紫光 LED、黄光 LED 最为突出，红光 LED、绿光 LED 对夜间净光合速率改变较低。2 000 lx 光照强度下夜间净光合速率变化比 1 000 lx 光照强度下明显，且不同光谱对植物夜间净光合速率的改变程度不同，白光 LED>紫光 LED>黄光 LED>红光 LED>绿光 LED。窄叶石楠夜晚净光合速率的变化趋势基本一致，均呈现出随光照周期延长而增加的趋势。

3 000 lx 光照强度时：①5 种光谱下植物日间净光合速率不断上升后下降，最后趋于稳定，其中以红光 LED 照射下的净光合速率变化最快。②夜间净光合速率不断下降,变化速率较 2 000 lx、1 000 lx 光照强度下大,变化程度为白光 LED>黄光 LED>紫光 LED>红光 LED>绿光 LED,其中以白光 LED、黄光 LED、紫光 LED 的影响最为突出。

### 5.2.2　窄叶石楠气孔导度的测量数据及其分析

根据公式

$$G_{\mathrm{s}} = \mu \frac{1 - \beta I}{1 + \gamma I} I + G_{s0}$$

结合分子扩散和碰撞理论、流体力学和植物光和生理等理论,可推导出

$$g_{\mathrm{s}} = \frac{1}{4\eta} \frac{P_n}{C} + g_0$$

其中可根据参考组实验数据,求出经验系数 $g_0$,假设进入叶片的二氧化碳全部用于光合作用,即 $\eta = 1$,则公式可简化为

$$G_{\mathrm{s}} = \frac{P_n}{4C} + g_0$$

故窄叶石楠的气孔导度函数可表示为

$$G_{\mathrm{s}}(x) = \frac{P_n}{4}x + g_0 \tag{5.1}$$

其中 $x$ 为二氧化碳含量。

根据植物净光合速率 $P_n$ 可得出人工光照后气孔导度函数斜率,如表 5.6 所示。

表 5.6　人工光照后窄叶石楠气孔导度函数斜率

| 光　源 | | 1 000 lx | 2 000 lx | 3 000 lx | 参照组 |
|---|---|---|---|---|---|
| 白光 LED | $k$ | 0.71 | 0.625 | 1.1 | 1.54 |
| | $k'$ | 1.37 | 1.18 | 1.38 | 1.54 |
| | 变化率 | 48% | 88.9% | 19.1% | 0 |
| 黄光 LED | $k$ | 0.575 | 1.22 | 1.06 | 1.54 |
| | $k'$ | 1.26 | 1.09 | 1.44 | 1.54 |
| | 变化率 | 54.4% | −10.7% | 35.8% | 0 |
| 红光 LED | $k$ | 0.78 | 1.18 | 1.54 | 1.54 |
| | $k'$ | 0.89 | 1.21 | 1.47 | 1.54 |
| | 变化率 | 14% | 2.5% | 4.5% | 0 |
| 绿光 LED | $k$ | 0.89 | 1.07 | 1.33 | 1.54 |
| | $k'$ | 1.32 | 0.97 | 1.34 | 1.54 |
| | 变化率 | 32.8% | −9.3% | 0.8% | 0 |
| 紫光 LED | $k$ | 1.1 | 1.14 | 1.14 | 1.54 |
| | $k'$ | 1.08 | 0.8 | 1.34 | 1.54 |
| | 变化率 | −1.8% | −29.8% | 17.5% | 0 |

注:$k$ 表示植物未进行人工光照下初始气孔导度函数斜率;$k'$ 表示人工光照后植物叶片气孔导度函数斜率。

根据气孔导度公式,求解光照前后植物叶片气孔导度函数并进行比较,可知:参照组植物气孔导度函数斜率未发生改变;函数斜率改变量大,说明人工光照对窄叶石楠气孔导度影响大,斜率改变量小,说明气孔导度受光照影响较小。

根据表5.6可知,不同光谱能量照射后窄叶石楠的日间气孔导度变化不同。1 000 lx 光照强度下,窄叶石楠气孔导度变化规律为黄光 LED>白光 LED>绿光 LED>红光 LED>紫光 LED;2 000 lx 光照强度下,白光 LED>黄光 LED>红光 LED>绿光 LED>紫光 LED;3 000 lx 光照强度下,黄光 LED>白光 LED>紫光 LED>红光 LED>绿光 LED。

(1)相同光谱下窄叶石楠气孔导度指标趋势

对相同光谱条件下每次获得的数据进行平均值统计,整理4次测得的数据,利用 origin 9.0对数据进行线性拟合处理,处理结果如表5.7所示。

表5.7　相同光谱下的石楠气孔导度

| 光　源 | 受人工光照后窄叶石楠日间气孔导度 | | | | 窄叶石楠夜间气孔导度 | | |
| --- | --- | --- | --- | --- | --- | --- | --- |
| | 1 000 lx | 2 000 lx | 3 000 lx | 参照组 | 1 000 lx | 2 000 lx | 3 000 lx |
| 白光 LED | 0.06 8 | 0.05 1 | 0.04 2 | 0.04 2 | 0 | 0 | 0.005 3 |
| | 0.051 | 0.047 | 0.043 | 0.043 | 0.0104 | 0.012 | 0.015 |
| | 0.067 | 0.088 | 0.052 | 0.052 | 0.017 | 0.064 | 0.021 |
| | 0.077 | 0.185 | 0.07 | 0.07 | 0.055 | 0.079 | 0.058 |
| 黄光 LED | 0.054 | 0.067 | 0.042 | 0.042 | 0.009 | 0.009 | 0.005 |
| | 0.052 | 0.048 | 0.043 | 0.043 | 0.0149 | 0.024 | 0.044 |
| | 0.135 | 0.188 | 0.052 | 0.052 | 0.057 | 0.06 | 0.086 |
| | 0.138 | 0.22 | 0.07 | 0.07 | 0.057 | 0.068 | 0.09 |
| 红光 LED | 0.08 | 0.06 | 0.042 | 0.042 | 0.007 | 0.005 | 0.005 |
| | 0.037 | 0.048 | 0.043 | 0.043 | 0.024 4 | 0.039 | 0.04 |
| | 0.087 | 0.082 | 0.052 | 0.052 | 0.049 | 0.048 | 0.053 |
| | 0.189 | 0.087 | 0.07 | 0.07 | 0.058 | 0.056 | 0.058 |
| 绿光 LED | 0.088 | 0.049 | 0.042 | 0.042 | 0.01 | 0.009 | 0.009 |
| | 0.051 | 0.048 | 0.043 | 0.043 | 0.026 | 0.028 | 0.041 |
| | 0.056 | 0.084 | 0.052 | 0.052 | 0.049 | 0.055 | 0.056 |
| | 0.173 | 0.164 | 0.07 | 0.07 | 0.077 | 0.066 | 0.07 |

| 光　源 | 受人工光照后窄叶石楠日间气孔导度 | | | | 窄叶石楠夜间气孔导度 | | |
| --- | --- | --- | --- | --- | --- | --- | --- |
| | 1 000 lx | 2 000 lx | 3 000 lx | 参照组 | 1 000 lx | 2 000 lx | 3 000 lx |
| 紫光 LED | 0.09 | 0.063 | 0.042 | 0.042 | 0.011 | 0.013 | 0.01 |
| | 0.049 | 0.043 | 0.043 | 0.043 | 0.019 | 0.038 | 0.12 |
| | 0.159 | 0.125 | 0.052 | 0.052 | 0.063 | 0.061 | 0.048 |
| | 0.279 | 0.25 | 0.07 | 0.07 | 0.099 | 0.078 | 0.064 |

根据表 5.8 可知,参照组植物日间气孔导度基本保持不变。经人工光源照射后,植物日间气孔导度不断增加。根据相同光谱下窄叶石楠气孔导度的变化数据可知:①窄叶石楠日间气孔导度值整体高于人工光源照射下植物夜间的气孔导度值;②参照组植物仅受日光照射,植物气孔导度曲线较平稳;③随人工光照周期的延长,窄叶石楠日间的气孔导度有明显增加的趋势;④窄叶石楠夜间气孔导度随着光照周期的延长呈现增长趋势,不同光照强度下气孔导度数据的变化率稍有不同;⑤经光照后的窄叶石楠,在第二次测量时均呈现出气孔导度的最低变化。

表 5.8　不同光照强度下植物气孔导度变化趋势

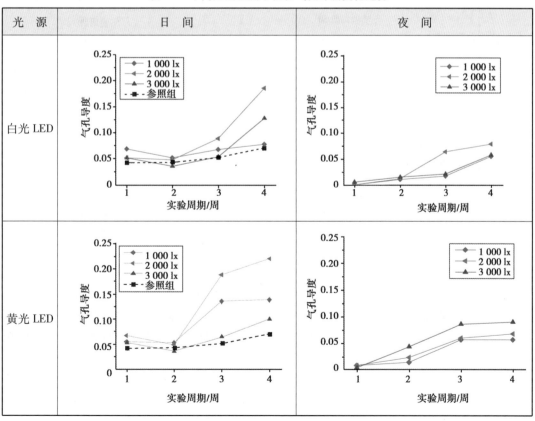

续表

| 光 源 | 日 间 | 夜 间 |
|---|---|---|
| 红光 LED | 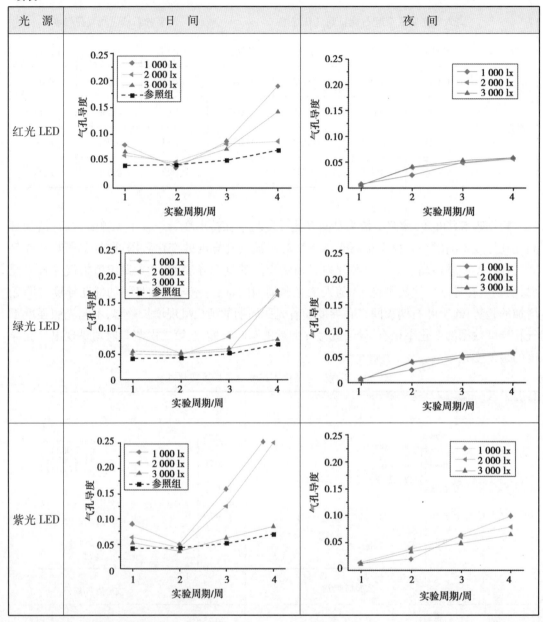 | |
| 绿光 LED | | |
| 紫光 LED | | |

结合表 5.8 与表 5.6 可知,人工光照后窄叶石楠气孔导度函数斜率变化一致。相同光谱下,白光 LED 2 000 lx 光照强度下气孔导度变化最大;黄光 1 000 lx 光照强度照射下气孔导度改变量较大;红光 1 000 lx 光照强度下气孔导度改变量大;绿光 LED 1 000 lx 光照强度下气孔导度改变量较其他光照强度下的明显;紫光 LED 3 000 lx 光照强度对叶片气孔导度改变量大。

（2）相同光照强度下窄叶石楠气孔导度指标变化趋势

光照强度相同的情况下，对窄叶石楠的日间、夜间气孔导度值进行算数平均数统计，并利用 origin 9.0 进行线性拟合处理，如表 5.9 所示。①夜间对植物进行人工光照后，窄叶石楠夜间气孔导度值不断增加，首次对植物进行人工光源照射时，植物夜间的气孔导度值相对较低；②人工光照后窄叶石楠夜间气孔导度随照射周期的延长气孔导度值不断升高。

表 5.9　相同光照强度下窄叶石楠的日间、夜间气孔导度值

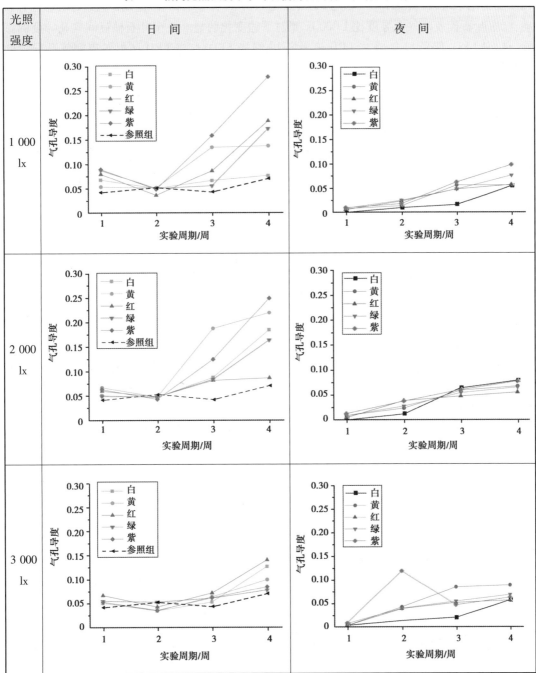

1 000 lx 光照强度下,5 种光谱照射的窄叶石楠日间气孔导度高于参照组植物日间气孔导度。①植物日间气孔导度,以黄光 LED 影响变化最大,然后依次是白光 LED、绿光 LED、紫光 LED、红光 LED。②夜间气孔导度的变化为紫光 LED>红光 LED>绿光 LED>黄光 LED>白光 LED,其中,第 1 次测量白光 LED 照射的植物夜间气孔导度趋近于 0,随光照周期的延长其值逐渐增大,且逐渐高于参照组日间气孔导度值。

2 000 lx 光照强度下,①窄叶石楠日间气孔导度:受白光 LED、紫光 LED 照射的植物气孔导度变化率最大,黄光 LED、绿光 LED、红光 LED 照射下植物叶片气孔导度变化率也有波动;②窄叶石楠夜间气孔导度比 1 000 lx 照射下的变化明显。对窄叶石楠夜间气孔导度的影响以白光 LED、紫光 LED、黄光 LED 最为突出,绿光 LED、红光 LED 照射对夜间气孔导度的促进作用较低。

3 000 lx 光照强度下,①窄叶石楠日间气孔导度随光照周期的延长而增加,增加幅度不大,其变化量接近,其中白光 LED、红光 LED 照射下改变程度最大,黄光 LED、绿光 LED、紫光 LED 照射下改变程度较小;②夜间的气孔导度随光照周期呈现出增加状态,且变化比 2 000 lx、1 000 lx 光照强度下大,其变化程度为白光 LED>黄光 LED>紫光 LED>红光 LED>绿光 LED。

实测结论与表 5.6 稍有不同,则令 $\eta=1$ 的函数表达的变化规律不成立,仍需对函数进行修正,即 $g_s(x)=\dfrac{P_n}{4}kx+g_0$,其中 $k$ 的取值为 $[0,1]$。

### 5.2.3　窄叶石楠蒸腾速率的测量数据及其分析

(1)相同光谱照射下窄叶石楠蒸腾速率的变化趋势

整理 4 次实验测得的数据(表 5.10),利用 origin9.0 对数据进行线性拟合处理,根据不同光照条件下植物蒸腾速率的变化可知:①窄叶石楠日间蒸腾速率整体高于人工光源照射下植物夜间的蒸腾速率;②参照组植物仅受日光照射,植物蒸腾速率曲线波动较小;③随人工光照周期的延长,窄叶石楠日间蒸腾速率波动较大,但最终稳定,且值趋于不变,变化趋势与植物净光合速率相同;④植物夜间蒸腾速率随着光照周期的延长而增加,不同光照强度下蒸腾速率的增长速率稍有不同;⑤受人工光照的窄叶石楠蒸腾速率抗环境干扰能力较差,极易随环境发生变化。具体变化趋势见表 5.11。

表 5.10　相同光谱照射下窄叶石楠的蒸腾速率

| | 受人工光照后窄叶石楠日间蒸腾速率 | | | | 窄叶石楠夜间蒸腾速率 | | |
| --- | --- | --- | --- | --- | --- | --- | --- |
| 光　源 | 1 000 lx | 2 000 lx | 3 000 lx | 参照组 | 1 000 lx | 2 000 lx | 3 000 lx |
| 白光 LED | 1.373 | 1.065 | 0.756 | 1.03 | 0 | 0 | 1.386 |
| | 0.659 | 0.49 | 0.388 | 0.721 | 0.238 | 0.303 | 0.141 |
| | 0.709 | 0.844 | 1 | 0.87 | 1.13 | 0.729 | 1.099 |
| | 0.88 | 1.52 | 1.196 | 1.09 | 1.616 | 1.63 | 1.31 |
| 黄光 LED | 1.019 | 1.34 | 0.758 | 1.03 | 0 | 0.498 | 1.286 |
| | 0.711 | 0.912 | 0.476 | 0.721 | 0.224 | 0.228 | 0.127 |
| | 0.944 | 1.23 | 0.978 | 0.87 | 0.59 | 0.499 | 0.865 |
| | 1.208 | 1.675 | 1.028 | 1.09 | 1.2 | 1.464 | 1.844 |

续表

| 光　源 | 受人工光照后窄叶石楠日间蒸腾速率 | | | | 窄叶石楠夜间蒸腾速率 | | |
|---|---|---|---|---|---|---|---|
| | 1 000 lx | 2 000 lx | 3 000 lx | 参照组 | 1 000 lx | 2 000 lx | 3 000 lx |
| 红光 LED | 1.57 | 1.01 | 1.35 | 1.03 | 0.55 | 0.977 | 1.097 |
| | 0.53 | 0.548 | 0.546 | 0.721 | 0.202 | 0.146 | 0.131 |
| | 0.7 | 0.908 | 0.88 | 0.87 | 0.612 | 0.578 | 0.537 |
| | 1.515 | 1.12 | 1.281 | 1.09 | 1.146 | 0.694 | 1.177 |
| 绿光 LED | 1.68 | 1.053 | 1.096 | 1.03 | 0.58 | 1.495 | 1.201 |
| | 0.36 | 0.57 | 0.475 | 0.721 | 0.254 | 0.285 | 0.23 |
| | 0.99 | 0.989 | 0.779 | 0.87 | 0.746 | 0.693 | 0.584 |
| | 1.518 | 1.46 | 1.083 | 1.09 | 1.197 | 1.622 | 1.49 |
| 紫光 LED | 1.7 | 1.33 | 0.76 | 1.03 | 0.388 | 0.993 | 1.24 |
| | 0.965 | 0.803 | 0.44 | 0.721 | 0.309 | 0.369 | 0.269 |
| | 1.362 | 0.899 | 0.825 | 0.87 | 0.94 | 0.726 | 0.665 |
| | 1.38 | 2.088 | 1.051 | 1.09 | 1.508 | 1.355 | 2.368 |

表 5.11　相同光谱下窄叶石楠蒸腾速率变化趋势

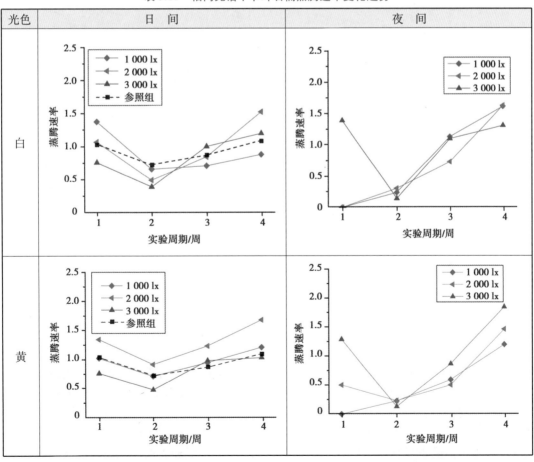

续表

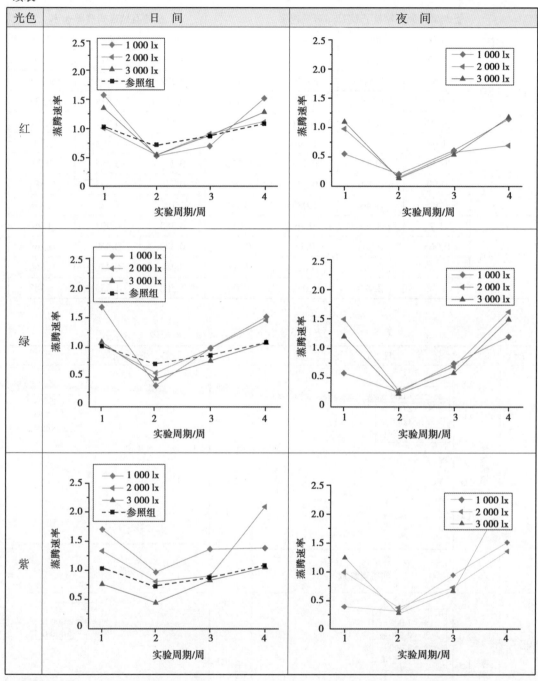

根据表5.11可知,参照组植物仅在第2次测量时蒸腾速率降低,随光照周期延长,植物蒸腾速率不断升高。日间蒸腾速率不因为光照强度、光谱能量分布而产生规律性变化。

白光LED照射的窄叶石楠的蒸腾速率变化规律如下:①植物日间蒸腾速率不断上升,变化速率高于参照组植物。1 000 lx光照强度下日间蒸腾与参照组蒸腾速率变化趋势一致;2 000 lx光照强度下变化率高于3 000 lx。②夜间蒸腾速率随光照周期的延长呈现上升趋势。3 000 lx光照强度下窄叶石楠夜间蒸腾速率首次测量值极高,随后逐渐下降,最后基本等同于 1 000 lx、2 000 lx 照射下的值；1 000 lx、2 000 lx 光照强度下蒸腾速率首次测量值接近0，之后随着光照周期的延长，植物夜间蒸腾速率逐渐增加。

黄光 LED、红光 LED、绿光 LED、紫光 LED 照射的窄叶石楠的蒸腾速率变化规律相同：①日间蒸腾速率变化趋势与白光 LED 下的变化趋势相同。第 2 次测量蒸腾速率时，其值下降后逐渐上升最后趋于平稳。蒸腾速率变化趋势与净光合速率变化趋势一致。②夜间蒸腾速率表现为：3 000 lx 光照强度下的大于 1 000 lx、2 000 lx 光照强度下的；其中，绿光 LED 照射的植物夜间蒸腾速率随光照强度变化不明显。3 000 lx 光照强度下红光 LED、紫光 LED 照射的窄叶石楠蒸腾速率变化较明显。

(2)相同光照强度下窄叶石楠蒸腾速率变化趋势

根据表 5.12，参照组窄叶石楠蒸腾速率趋于稳定，变化较小，仅第 3 周测量显示稍有下降趋势。

表 5.12　相同光照强度下窄叶石楠蒸腾速率变化趋势

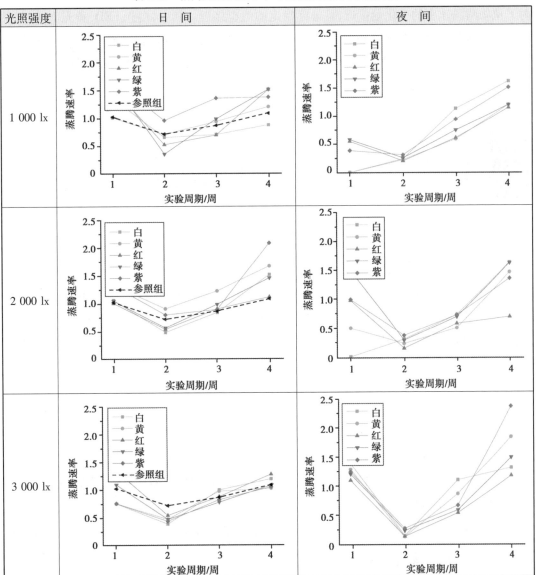

1 000 lx 光照强度:①窄叶石楠日间蒸腾速率在不同光谱能量分布的光照后数值无明显变化。②植物夜间蒸腾速率呈逐渐上升的趋势,第 3 周测量时有短暂下降;首次(3 月 2 日)对植物进行光照时,白光 LED 与黄光 LED 照射的植物夜间蒸腾速率极低,随着光照周期的延长植物夜间蒸腾速率逐渐升高,甚至高于参照组日间蒸腾速率。不同光谱对植物叶片蒸腾速率的影响规律为白光 LED>紫光 LED>红光 LED>黄光 LED>绿光 LED。

2 000 lx 光照强度:①窄叶石楠日间蒸腾速率无明显变化规律,在照射第 3 周时,植物蒸腾速率有所下降,后又逐渐上升。且植物日间蒸腾速率变化无明显规律。②植物夜间蒸腾速率呈逐渐上升的趋势。首次对植物进行光照时,白光 LED 照射的植物夜间蒸腾速率极低,随着光照周期的延长植物夜间的蒸腾速率不断升高,甚至高于参照组日间蒸腾速率。其影响规律为白光 LED>黄光 LED>紫光 LED>红光 LED>绿光 LED。

3 000 lx 光照强度:①日间蒸腾速率随光照周期的延长增长幅度微弱,且不同种光谱照射下植物蒸腾速率的变化量接近,且最终稳定的值也接近。其中,白光 LED、黄光 LED 照射的植物日间蒸腾速率变化量最大。②夜间蒸腾速率随照射周期延长呈现增加的状态,但变化较 2 000 lx、1 000 lx 光照强度下大;其中紫光 LED>黄光 LED>绿光 LED>红光 LED>白光 LED。

## 5.3　人工光照下窄叶石楠生物节律模型研究

### 5.3.1　方差单变量分析

通过方差的单变量分析方法对所测量的实验数据进行 SPSS 分析。为了保证方差分析的有效性,验证各组标准正交对比协方差的齐性及共同标准正交对比的协方差阵。

对数据进行齐性条件检验。设 $k$ 个组;第 $i$ 组有 $N_i$ 个观察单位;每个观察单位有 $p$ 个重复测量值;即第 $i$ 组第 $j$ 个观察单为有 $p$ 个值,则

$$Y_{ij} = (x_{ij1}, x_{ij2}, \cdots, x_{ijp}), j = 1, 2, \cdots, N_i, i = 1, 2, \cdots, k$$

若 $Y_{ij}$ 服从正态独立分布 $N_p(\mu_i, \sum_i)$,则检验假设为

$H_0: \sum_1 = \sum_2 = \cdots = \sum_k$

$H_1: \sum_i$ 不完全相等

$V_i = n_i S_i$,$k$ 为组数,$V_i$ 为离差矩阵,$n_i$ 为各组自由度,$S_i$ 为协方差矩阵,$N_i$ 为各组例数,$n = \sum_{i=1}^k n_i$,$V = \sum_{i=1}^k V_i$,则

$$V_i = \sum_{j=1}^{N_i} (Y_{ij} - Y_i)(Y_{ij} - Y_i) \tag{5.2}$$

$Y_i = N_i - 1 = \sum_{i=1}^k Y_{ij}$ 统计量为

$$\lambda = \left\{ \prod_{i=1}^{k} |V_i|^{n_{i/2}} n^{pn/z} \Big/ |V|^{n/2} \prod_{i=1}^{k} n^{pn_{i/2}} \right\} \qquad (5.3)$$

$-m \ln \lambda$ 的极限分布 $x_f^2$, $V_i = \sum_{j=1}^{N_i} (Y_{ij} - Y_i)(Y_{ij} - Y_i)$

$f = \dfrac{1}{2}(k-1)p(p+1)$, $m = 2n - 1(n-2a)$,

$a = \dfrac{\left( \sum_{i=1}^{k} r_i^{-1} - 1 \right)(2p^2 + 3p - 1)}{12(p+1)(k-1)}$, $r_i = \dfrac{n_i}{n}$

$n \to \infty$, $\lim(n_i/n) = \lim(r_i) > 0$ 时,$-m \ln \lambda \sim x_f^2$,

如果,$-m \ln \lambda \geqslant x_f^2$, $a$, $f = (1/2)(k-1)p(p+1)$, $a$ 为显著水平,此时拒绝 $H_0$,接受 $H_1$。

经过标准校正对比变换后,原 $P$ 个数据变量转换为 $p-1$ 个新变量,进行标准正交对比协方差阵 $S_0$ 齐性检验时,重复测量次数 $P$ 要用 $p-1$ 来替换,检验假设也要用 $\sum_{0i}$ 来代替原来的 $\sum_i$,则

$H_0 : \sum_{01} = \sum_{02} = \cdots\cdots = \sum_{0k}$,

$H_1 : \sum_{0i}$ 不完全相等,$i = 1, 2, \cdots, k$。

数据检验结果为齐性,即 $\sum_{01} = \sum_{02} = \cdots\cdots = \sum_{0k}$ 成立,结果如表 5.13 所示。

表 5.13　方差齐性的检验

| 统计项 | | Levene 统计 | $df_1$ | $df_2$ | 显著性 |
|---|---|---|---|---|---|
| PAR | 基于平均值 | 0.000 | 4 | 175 | 1.000 |
| | 基于中位数 | 0.000 | 4 | 175 | 1.000 |
| | 基于中位数并带有调整的 df | 0.000 | 4 | 175.000 | 1.000 |
| | 基于截尾平均值 | 0.000 | 4 | 175 | 1.000 |
| $P_n$ | 基于平均值 | 0.045 | 4 | 175 | 0.996 |
| | 基于中位数 | 0.015 | 4 | 175 | 1.000 |
| | 基于中位数并带有调整的 df | 0.015 | 4 | 174.518 | 1.000 |
| | 基于截尾平均值 | 0.044 | 4 | 175 | 0.996 |

　　然后对数据进行单变量方差分析,分析步骤如表 5.14 所示。通过检验后若数据满足单变量方差条件,则可直接对光谱能量分布、光照强度影响因子进行多变量方差分析。

表 5.14　单变量方差分析步骤

| 多变量检验[a] | | | | | | |
|---|---|---|---|---|---|---|
| 效应 | | 值 | $F$ | 假设 $df$ | 误差 $df$ | Sig. |
| sort | Pillai 的跟踪 | 0.006 | 0.105 | 8.000 | 300.000 | 0.999 |
| | Wilks 的 Lambda | 0.994 | 0.104[b] | 8.000 | 298.000 | 0.999 |
| | Hotelling 的跟踪 | 0.006 | 0.104 | 8.000 | 296.000 | 0.999 |
| | Roy 的最大根 | 0.006 | 0.210[c] | 4.000 | 150.000 | 0.933 |
| level | Pillai 的跟踪 | 0.019 | 0.723 | 4.000 | 300.000 | 0.577 |
| | Wilks 的 Lambda | 0.981 | 0.722[b] | 4.000 | 298.000 | 0.578 |
| | Hotelling 的跟踪 | 0.019 | 0.721 | 4.000 | 296.000 | 0.578 |
| | Roy 的最大根 | 0.019 | 1.461[c] | 2.000 | 150.000 | 0.235 |
| sort × level | Pillai 的跟踪 | 0.005 | 0.048 | 16.000 | 300.000 | 1.000 |
| | Wilks 的 Lambda | 0.995 | 0.048[b] | 16.000 | 298.000 | 1.000 |
| | Hotelling 的跟踪 | 0.005 | 0.047 | 16.000 | 296.000 | 1.000 |
| | Roy 的最大根 | 0.005 | 0.096[c] | 8.000 | 150.000 | 0.699 |

注:a—设计:截距+sort+level+sort × level;b—精确统计量;c—该统计量是 $F$ 的上限,它产生了一个关于显著性级别的下限。

sort 为不同光谱能量分布数据,level 为 3 个光照强度。通过分析 15 组实验组数据,可得出影响植物生物节律最大影响因素。分析结果表明,光照强度对植物光合指标的影响有显著差别,其值为 0.577。随着光照强度增高,对窄叶石楠生物节律的影响效果就明显,且影响结果明显大于相同光照强度下光谱的影响。

## 5.3.2　生物节律模型建立

植物光响应曲线代表植物各种生理参数,植物生理生化过程的研究均以光响应曲线所指的生理指标为研究基础,包括植物的表观光量子效率(AQI)、最大净光合速率($P_n$)、光饱和点(LSP)、光补偿点(LCP)、暗呼吸速率($R_d$)等。研究人工光照影响植物生物节律的关系,就是研究人工光照前后植物光响应曲线修的关系。

本部分内容主要涉及光源光谱能量分布、光照强度及植物净光合速率等植物光合指标内容,并建立起数值间的比较分析。通过对数据的分析,确定函数关系,建立人工光照下窄叶石楠光响应曲线模型,利用非线性回归分析方法,拟合所得数据,并以图像形式显示数据间的物理量规律。

非线性回归,就是利用数理统计方法建立因变量与自变量之间的回归关系的函数方程。非线性关系中有 3 种求解方法。

①通过变量替换化为线性关系,对函数进行求解,即

$$Y = \varphi(x_i, x_2, \cdots, x_m, \beta_1, \beta_2, \cdots, \beta_\gamma) + \varepsilon \tag{5.4}$$

对于给定的观测值$(x_i, y_i)$，$i = 1, 2, \cdots, n$，我们可将上述表达式改写为

$$y_i = f(x_i, \theta) + \varepsilon_i, i = 1, 2, \cdots, n \tag{5.5}$$

其中，$y_i$为因变量，非随机向量$x_i(x_{i1}, x_{i2}, \cdots, x_{ik})'$是自变量，$\theta = (\theta_0, \theta_1, \cdots, \theta_i')'$为位置参数向量，$\varepsilon_i$为随机误差项并满足独立同分布假设。

②$y$与自变量间的非线性函数的形式不明，需利用多元线性逐步回归求解。

③$y$与自变量的非线性关系的函数形式已知，需用更复杂的拟合方法求解。

$$\begin{cases} E(\varepsilon_i) = 0, i = 1, 2, \cdots, n \\ \mathrm{cov}(\varepsilon_i, \varepsilon_j) = \begin{cases} \sigma^2, & i = j \\ 0, & i \neq j \end{cases} \quad (i, j = 1, 2, \cdots, n) \end{cases}$$

如果$f(x_i, \theta) = \theta_0 + x_1\theta_1 + x_2\theta_2 + \cdots + x_p\theta_p$，那么式(5.6)即为所讨论的线性模型，且有$k = p$，一般情况下参数的数目与自变量数目无对应关系，故不要求$k$、$p$关系。

对于非线性回归模型，可使用最小二乘法估计参数$\theta$，即

$$Q(\theta) = \sum_{i=1} [y_i - f(x_i, \theta)]^2$$

模型达到最小值时，为$\theta$的非线性最小二乘估计。再假定$f$函数对参数$\theta$连续可微分，利用微分法，建立正规方程组，求解$Q(\theta)$最大最小值。$Q$函数对参数$\theta_j$求偏导，$\theta_j = 0$，得到$p+1$个方程

$$\left. \frac{\partial Q}{\partial j} \right|_{\theta_i - \theta_j} = -2 \sum_{i=1}^{n} [y_i - f(x_i, \hat{\theta})] \left. \frac{\partial f}{\partial \theta} \right|_{\theta_i - \theta_j} = 0 \quad (j = 0, 1, 2, \cdots, p)$$

一般用迭代法求解此正规方程组。利用非线性回归方法，根据所测得数据$(P_{n_i}, \mathrm{PAR}_i)$ $(i = 1, 2, 3, \cdots, m)$的线性规律选择目标函数关系。参数的求得方法采用决定系数$R^2$的方法来进行检测。决定系数$R^2$反映的是实验数据与函数公式相关的密切程度。对本实验结果回归所得的函数模型，利用决定系数检验。

实验后，于4月27日对实验植物窄叶石楠进行光响应曲线的测量。利用Li-6400光合仪测量健康窄叶石楠叶片，导出窄叶石楠光响应曲线。测定时使用大气$CO_2$浓度、Li-6400光合仪的红蓝LED光源控制光照强度，设定PPFD为1 200，1 000，800，600，400，200，100，50 $\mu mol/(m^2 \cdot s)$，每种光照强度下停留200 s。每株窄叶石楠测量3片叶片，导出测量值。

前部分证明光谱能量分布对窄叶石楠影响极其微弱，无法用SPSS直接分析出光谱对窄叶石楠生物节律的影响。于是，对窄叶石楠净光合速率随光照变化的数据，利用SPSS进行回归分析，得到15种光照下窄叶石楠光合速率$P_n$与光照有效辐射PAR的拟合函数模型(图5.3)，其结果与直角双曲线修正模型函数拟合度高达0.96：

$$P_n = \frac{\mathrm{AQE} \times \mathrm{PAR} + P_{n\max} - \mathrm{SQRT}(\mathrm{AQE} \times \mathrm{PAR} + P_{n\max}) \times (\mathrm{AQE} \times \mathrm{PAR} + P_{n\max}) - 4\mathrm{AQE} \times \mathrm{PAR} \times K \times P_{n\max}}{2K - R_d}$$

$$\tag{5.6}$$

其中，AQE为表观光量子效率；SQRT为平方根计算；$k$为非直角双曲线的曲角。利用SPSS建立函数模型并验证(表5.15)，将验证数据代入模型，得到较好结果，此函数模型可以直接将光照强度代入，得出人工光照下窄叶石楠的净光合速率，从而判断植物受人工光照的影响。

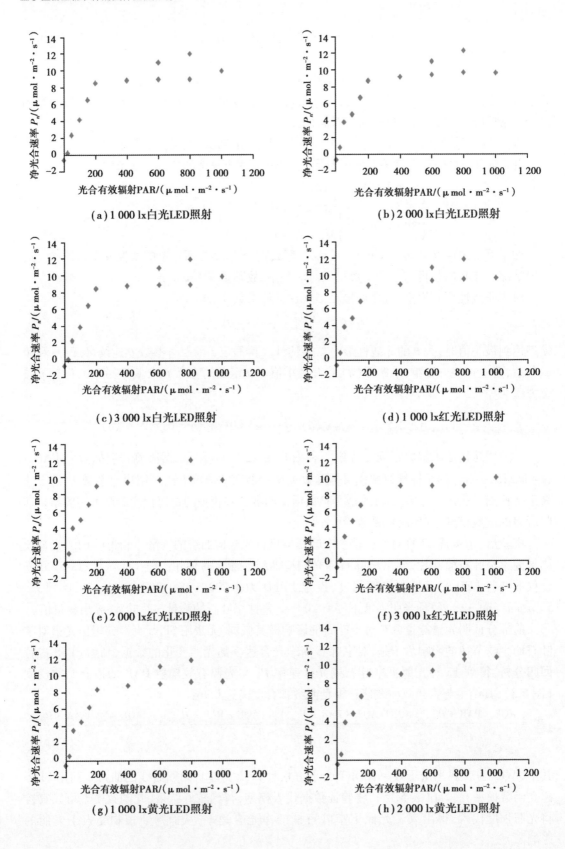

(a) 1 000 lx白光LED照射

(b) 2 000 lx白光LED照射

(c) 3 000 lx白光LED照射

(d) 1 000 lx红光LED照射

(e) 2 000 lx红光LED照射

(f) 3 000 lx红光LED照射

(g) 1 000 lx黄光LED照射

(h) 2 000 lx黄光LED照射

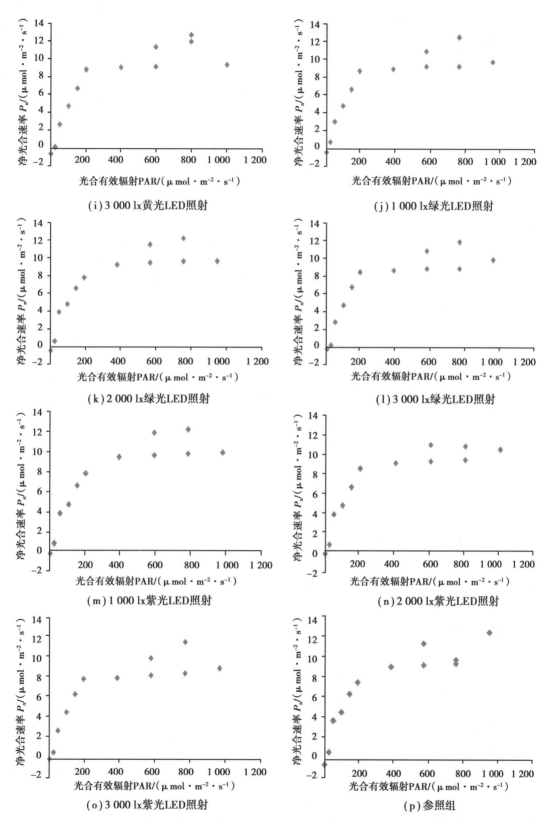

图 5.3　人工光照后窄叶净光合速率的变化示意图

表 5.15  SPSS 建立函数模型并验证

| 迭代历史记录[a] | | | | |
|---|---|---|---|---|
| 迭代数[b] | 参 数 | | | |
| | 残差平方和 | AQE | $P_{n\max}$ | $R_d$ |
| 0.1 | 14 655.486 | 0.000 | 13.000 | 1.000 |
| 1.1 | 2 868.352 | 0.000 | 13.000 | −7.092 |

| 参数估计值 | | | | |
|---|---|---|---|---|
| 参数 | 95%置信区间 | | | |
| | 估计 | 标准误 | 下限 | 上限 |
| AQE | 0.000 | 0.001 | −0.002 | 0.002 |
| $P_{n\max}$ | 13.000 | 0.000 | 13.000 | 13.000 |
| $R_d$ | −7.092 | 0.460 | −8.001 | −6.184 |

| 参数估计值的相关性 | | | | |
|---|---|---|---|---|
| 参数 | AQE | $P_{n\max}$ | | $R_d$ |
| AQE | 1.000 | — | | 0.758 |
| $P_{n\max}$ | — | — | | — |
| $R_d$ | 0.758 | — | | 1.000 |

| ANOVA[c] | | | |
|---|---|---|---|
| 源 | 平方和 | d$f$ | 均方 |
| 回归 | 9 053.934 | 3 | 3 017.978 |
| 残差 | 2 868.352 | 177 | 16.205 |
| 未更正的总计 | 11 922.286 | 180 | — |
| 已更正的总计 | 2 868.352 | 179 | — |
| 因变量 $P_n$ | | | |

注:a—在7迭代之后停止运行,已找到最优解;

　　b—主迭代数在小数左侧显示,次迭代数在小数右侧显示;

　　c—$R^2 = 1−($残差平方和$)/($已更正的平方和$)= 0.000$。

利用函数模型再次对人工光照下的窄叶石楠净光合速率进行拟合,判断光谱对植物的影响程度,拟合关系如图5.4所示。

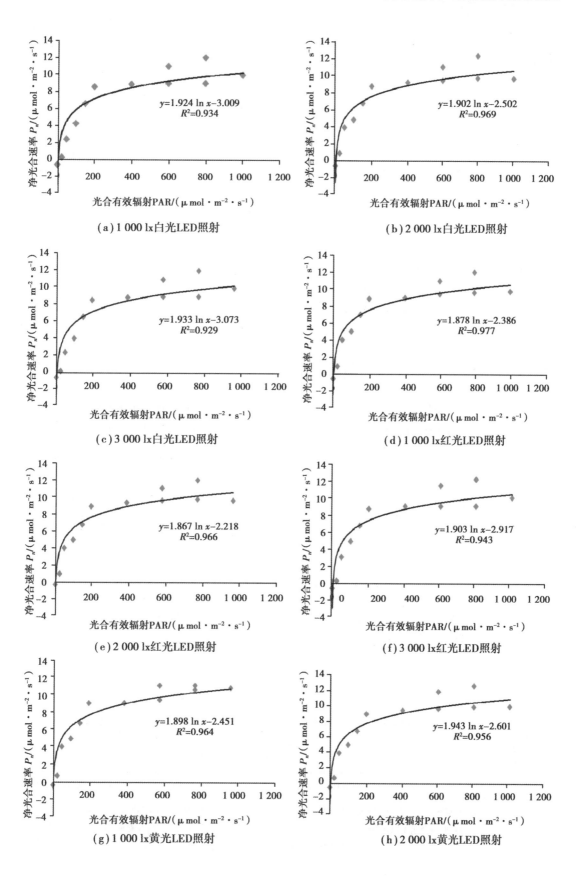

（a）1 000 lx白光LED照射

（b）2 000 lx白光LED照射

（c）3 000 lx白光LED照射

（d）1 000 lx红光LED照射

（e）2 000 lx红光LED照射

（f）3 000 lx红光LED照射

（g）1 000 lx黄光LED照射

（h）2 000 lx黄光LED照射

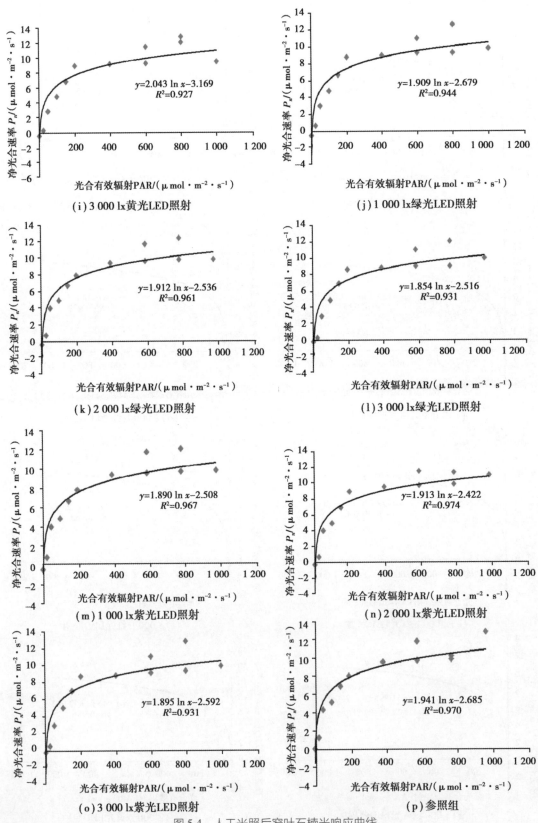

图 5.4　人工光照后窄叶石楠光响应曲线

选取拟合度最好的曲线作为该组植物的光响应曲线,并根据修正直角双曲线公式

$$\beta = \alpha I - \frac{(1 - \gamma I)(P_n + R_d)}{I^2 \alpha}$$

对植物光响应曲线修正系数进行求解。

设 $(1-\gamma I)(P_n + R_d)/I^2\alpha = m$,则有

$$\beta = \alpha I - m \tag{5.7}$$

其中 $I$ 为光合有效辐射,是已知数,$m$ 为极小正数;故式(5.7)可看成 $\beta$ 与 $\alpha$ 正相关。由于 $\alpha$ 为光响应曲线的初始斜率,根据所测得的各实验光照后窄叶石楠光响应曲线,得出各样本植物的光响应曲线初始斜率。

$$\alpha = f'(0) \tag{5.8}$$

则

$$\beta = f'(0)I + m$$

可简化为

$$\beta = f'(0)I \tag{5.9}$$

其中 $I$ 为已知的常数量,则

1 000 lx 白光 LED 照射后窄叶石楠的光响应曲线拟合函数为

$$f(x) = 1.904 \ln x - 3.009 \quad (R^2 = 0.934) \tag{5.10}$$
$$\beta = 1.904$$

2 000 lx 白光 LED 照射后窄叶石楠的光响应曲线拟合函数为

$$f(x) = 1.922 \ln x - 2.502 \quad (R^2 = 0.969) \tag{5.11}$$
$$\beta = 1.922$$

3 000 lx 白光 LED 照射后窄叶石楠的光响应曲线拟合函数为

$$f(x) = 1.933 \ln x - 3.073 \quad (R^2 = 0.929) \tag{5.12}$$
$$\beta = 1.933$$

1 000 lx 红光 LED 照射后窄叶石楠的光响应曲线拟合函数为

$$f(x) = 1.878 \ln x - 2.386 \quad (R^2 = 0.977) \tag{5.13}$$
$$\beta = 1.878$$

2 000 lx 红光 LED 照射后窄叶石楠的光响应曲线拟合函数为

$$f(x) = 1.902 \ln x - 2.502 \quad (R^2 = 0.966) \tag{5.14}$$
$$\beta = 1.902$$

3 000 lx 红光 LED 照射后窄叶石楠的光响应曲线拟合函数为

$$f(x) = 1.903 \ln x - 2.917 \quad (R^2 = 0.943) \tag{5.15}$$
$$\beta = 1.903$$

1 000 lx 黄光 LED 照射后窄叶石楠的光响应曲线拟合函数为

$$f(x) = 1.898 \ln x - 2.451 \quad (R^2 = 0.964) \tag{5.16}$$
$$\beta = 1.898$$

2 000 lx 黄光 LED 照射后窄叶石楠的光响应曲线拟合函数为

$$f(x) = 1.943 \ln x - 2.601 \quad (R^2 = 0.956) \tag{5.17}$$

$$\beta = 1.943$$

3 000 lx 黄光 LED 照射后窄叶石楠的光响应曲线拟合函数为

$$f(x) = 2.043 \ln x - 3.169 \qquad (R^2 = 0.927) \tag{5.18}$$

$$\beta = 2.043$$

1 000 lx 绿光 LED 照射后窄叶石楠的光响应曲线拟合函数为

$$f(x) = 1.909 \ln x - 2.679 \qquad (R^2 = 0.944) \tag{5.19}$$

$$\beta = 1.909$$

2 000 lx 绿光 LED 照射后窄叶石楠的光响应曲线拟合函数为

$$f(x) = 1.912 \ln x - 2.536 \qquad (R^2 = 0.961) \tag{5.20}$$

$$\beta = 1.912$$

3 000 lx 绿光 LED 照射后窄叶石楠的光响应曲线拟合函数为

$$f(x) = 1.854 \ln x - 2.516 \qquad (R^2 = 0.931) \tag{5.21}$$

$$\beta = 1.854$$

1 000 lx 紫光 LED 照射后窄叶石楠的光响应曲线拟合函数为

$$f(x) = 1.890 \ln x - 2.508 \qquad (R^2 = 0.967) \tag{5.22}$$

$$\beta = 1.890$$

2 000 lx 紫光 LED 照射后窄叶石楠的光响应曲线拟合函数为

$$f(x) = 1.908 \ln x - 2.396 \qquad (R^2 = 0.974) \tag{5.23}$$

$$\beta = 1.908$$

3 000 lx 紫光 LED 照射后窄叶石楠的光响应曲线拟合函数为

$$f(x) = 1.895 \ln x - 2.592 \qquad (R^2 = 0.931) \tag{5.24}$$

$$\beta = 1.895$$

参照组窄叶石楠的光响应曲线拟合函数为

$$f(x) = 1.913 \ln x - 2.685 \qquad (R^2 = 0.970) \tag{5.25}$$

$$\beta = 1.913$$

拟合所得光响应曲线决定系数 $R^2$ 均大于 0.9，说明趋势线的值与对应实际数据之间的拟合程度好。根据式(5.10)—式(5.25)，得出

$$f(x) = a \ln x - b$$

光照后窄叶石楠光响应曲线修正系数统计见表 5.16。

表 5.16　人工光照窄叶石楠光响应修正系数 $\beta$ 统计表

| 光照强度 | 白　光 | 红　光 | 黄　光 | 绿　光 | 紫　光 |
|---|---|---|---|---|---|
| 1 000 lx | 1.904 | 1.878 | 1.898 | 1.909 | 1.890 |
| 2 000 lx | 1.922 | 1.902 | 1.943 | 1.912 | 1.908 |
| 3 000 lx | 1.933 | 1.903 | 2.043 | 1.854 | 1.895 |
| 参照组 | 1.913 | | | | |

对窄叶石楠光合曲线进行测量时，控制二氧化碳浓度、水含量及光照强度，降低环境因

素对植物光合作用的影响,根据表 5.16 可知,经过人工光照后窄叶石楠的光响应修正系数发生了改变。光合作用对光响应修正模型中的修正系数 $\beta$ 具有确切的生物学意义,$\beta$ 值为光抑制项,$\beta$ 值越大表示植物越容易受到光抑制,光合能力降低[122]。光抑制现象是光能超过植物光合系统所能利用的数量时,植物光合功能下降的一种表现,通过量纲分析,光抑制主要发生在 PSⅡ天线色素分子光量子吸收截面与其处于激发态平均寿命的乘积。光抑制不是光合机构被破坏的结果,而是植物防御性激发能耗散过程加强的反映,光抑制是植物本身的保护性反应。

(1)相同光谱下窄叶石楠光响应曲线的变化分析

根据表 5.16 可知,相同光谱下窄叶石楠光响应曲线的变化趋势不同。参照组窄叶石楠光响应修正系数 $\beta$ 为 1.913。白光 LED、黄光 LED 照射下窄叶石楠光响应的修正系数 $\beta$ 随光照强度的升高不断变大,仅 1 000 lx 光照强度时 $\beta$ 小于参照组,2 000 lx、3 000 lx 光照强度时,窄叶石楠光响应修正系数 $\beta$ 大于参照组,植物易受到光抑制作用,光合能力有下降趋势;红光 LED、绿光 LED、紫光 LED 光照下,窄叶石楠光响应修正系数 $\beta$ 始终小于参照组,光合能力下降程度微弱。通过分析可知:白光 LED、黄光 LED 对窄叶石楠光合能力下降的影响作用明显,其他光谱对窄叶石楠光合能力下降的影响作用不明显。

(2)相同光照强度下窄叶石楠光响应曲线的变化分析

1 000 lx 光照强度下,5 种光谱照射的窄叶石楠光响应修正系数 $\beta$ 均小于参照组。分析可知,1 000 lx 光照强度下窄叶石楠不易受到光抑制作用,光合能力没有下降,对植物光合作用影响小;2 000 lx、3 000 lx 光照强度下,白光 LED、黄光 LED 光响应修正系数 $\beta$ 变大,且大于参照组,窄叶石楠易受到光抑制作用,光合能力下降,其他光谱照射的窄叶石楠光响应修正系数 $\beta$ 小于参照组,植物不易受到光抑制作用,光合能力下降不明显,红光 LED、紫光 LED、绿光 LED 照射的窄叶石楠光响应修正系数 $\beta$ 仍小于参照组,植物的光合能力下降不明显。综合可知:1 000 lx 光照强度下,窄叶石楠不易受到光抑制作用,植物光合能力下降不明显,且与窄叶石楠受何种光谱照射无关。

## 5.4 人工光照影响窄叶石楠生物节律的讨论

植物夜间不进行光合作用,人工光照使植物在原本休息的时刻被迫进行光合作用,扰乱植物生物节律。在人工光照影响窄叶石楠生物节律实验中,每组光源照射均促使植物在夜间进行光合积累,随光照时间的延长,窄叶石楠生物节律不断进行自身的调整,降低自身生物节律试图适应人工光源的光照,在调整的过程中,植物的生理生化指标出现了紊乱。

人工光源照射严重扰乱了窄叶石楠的日间生物节律。窄叶石楠日间光响应曲线、净光合速率、气孔导度、蒸腾速率均有波动,但最终趋于平稳,且大部分高于未受人工光照前的光合指标。在第 2 次测量时发现,无论何种人工光照的窄叶石楠日间气孔导度均出现了最低值,由此可知,在人工光照后,窄叶石楠生物节律发生了变化,植物为保护自身生长,调节生理生化过程,降低植物日间的气孔导度。第 3 次测量时,由于天空照度增强,引起窄叶石楠光合指标的上升,对当次日间实验数据有所影响,但植物夜间光合指标并不受日间光合指标变化干扰,也不受日间光照强度的干扰。

植物夜间光合指标受光照强度影响极大,光照强度越强植物光合指标变化越大。紫光 LED、黄光 LED、白光 LED 所含的蓝光成分促进植物光合作用(测量表明黄光 LED 并非一般所说不含蓝光成分,见图 4.4),此时,$CO_2$ 经由气孔进入植物叶片细胞,窄叶石楠的气孔导度被提高,那么,气孔又直接引发植物蒸腾作用。所以,紫光 LED、黄光 LED 照射下植物气孔导度、蒸腾速率的变化速率也随之提高。

通过实验可知,虽然植物不能够吸收绿光 LED 光谱,但在 1 000 lx 光照强度下,绿光 LED 仍能够促进窄叶石楠的净光合速率,且稍高于其他光源光谱对植物净光合速率的诱导;2 000 lx 及 3 000 lx 下均是白光 LED、黄光 LED 及紫光 LED 对植物净光合速率的影响最大,与先前的研究结果一致,且补充了绿光 LED、紫光 LED 对植物的影响规律。对实验结果进行建模及 SPSS 分析,窄叶石楠生物节律的影响与光照强度成正相关,其影响结果大于相同光照强度下光谱对植物生物节律的影响。

## 5.5 本章小结

夜间对窄叶石楠进行人工光照,窄叶石楠就会进行光合作用。净光合速率是植物光合作用的重要评价指标,光响应曲线是植物光合效率高低的评判标准,植物气孔导度、蒸腾作用是植物调节自身与环境平衡的重要生理过程。本章主要研究了利用 Li-6400 光合仪测量人工光照后窄叶石楠光合指标的变化,比较分析不同光照强度、光谱能量分布对窄叶石楠生物节律的影响,得出了如下结论。

(1)人工光照影响窄叶石楠净光合速率

只要进行人工光源照射,植物的夜间净光合速率就会大于零;窄叶石楠夜间净光合速率随着光照时间的延长呈现整体下降的趋势,最后趋于平稳;白光 LED 3 000 lx 照射下,植物夜间净光合速率接近植物日间的净光合速率;其他光源照射下的植物日间、夜间净光合速率与白光 LED 照射的净光合速率变化趋势相同;白光 LED、黄光 LED、红光 LED、绿光 LED 2 000 lx 与 1 000 lux 照射下的植物夜间净光合速率相近,仅紫光 2 000 lx 下窄叶石楠夜间净光合速率高于 1 000 lx。3 000 lx 光照强度时,5 种光谱照射的窄叶石楠叶绿素变化十分稳定,无明显上升或下降趋势。

(2)人工光照影响窄叶石楠气孔导度

窄叶石楠日间气孔导度整体高于人工光源照射下植物夜间的气孔导度;夜间气孔导度随着光照时间的延长呈现增长趋势;1 000 lx 光照强度时,夜间气孔导度的变化为:紫光

LED>红光 LED>绿光 LED>黄光 LED>白光 LED;2 000 lx 光照强度时窄叶石楠夜间气孔导度比 1 000 lx 照射下变化明显,以白光 LED、紫光 LED、黄光 LED 最为突出,绿光 LED、红光 LED 照射对夜间气孔导度促进作用较低;3 000 lx 光照强度时,夜间的气孔导度随光照周期延长呈现增加状态,且变化比 2 000 lx、1 000 lx 光照强度下大,其变化程度为:白光 LED>黄光 LED>紫光 LED>红光 LED>绿光 LED。

（3）人工光照影响窄叶石楠蒸腾速率

经过人工光照后,窄叶石楠日间蒸腾速率趋势与净光合速率趋势相同;参照组植物蒸腾速率曲线波动较小,日间蒸腾速率整体高于人工光源光照下植物夜间蒸腾速率;1 000 lx 光照强度下,窄叶石楠夜间蒸腾速率改变程度为:白光 LED>紫光 LED>红光 LED>黄光 LED>绿光 LED。2 000 lx 光照强度下,窄叶石楠夜间蒸腾速率改变程度为:白光 LED>黄光 LED>紫光 LED>红光 LED>绿光 LED。3 000 lx 光照强度下,窄叶石楠夜间蒸腾速率变化比 2 000 lx、1 000 lx 光照强度下大,其影响程度为:紫光 LED>黄光 LED>绿光 LED>红光 LED>白光 LED。人工光照后窄叶石楠蒸腾速率抗环境变化能力极差,易受周围环境因素干扰而发生改变。

（4）人工光照下窄叶石楠生物节律模型

对所测得的窄叶石楠生物节律数据进行非线性回归,得出窄叶石楠受人工光照后的光响应曲线模型:

$$P_n = \frac{AQE \times PAR + P_{n\max} - SQRT(AQE \times PAR + P_{n\max}) \times (AQE \times PAR + P_{n\max}) - 4AQE \times PAR \times K \times P_{n\max}}{2K - R_d}$$

验证模型,计算人工光照后窄叶石楠的光响应修正系数 $\beta$,$\beta$ 为光抑制项,$\beta$ 值越大植物越容易受到光抑制作用(即植物光合能力降低),与参照组比较得出:白光 LED、黄光 LED 照射对窄叶石楠光合能力下降的影响作用大;红光 LED、绿光 LED、紫光 LED 照射对窄叶石楠光合能力下降的影响作用小。1 000 lx 光照强度对窄叶石楠光合能力下降的影响不明显;2 000 lx、3 000 lx 光照强度下,白光 LED、黄光 LED 照射对窄叶石楠光合能力下降的影响作用大,其他光谱照射对窄叶石楠光合能力的影响小。

# 6 人工光照影响植物生物节律的计算机分析

## 6.1 计算机技术应用于园林植物照明研究的必要性

人工光源光照强度、光谱能量分布及光照时间都会对植物的净光合速率、气孔导度、蒸腾速率、叶片形态、叶长、叶宽、叶面积等造成影响，其中部分影响结果相互关联，部分影响结果相互独立。基于植物生物节律的植物照明研究是一个综合研究，研究从人工光照影响窄叶石楠形态结构方面进行了分析，并得出相应的研究结果。通过人工光照后窄叶石楠叶片叶绿素含量的测量实验得出：白光 LED、红光 LED、紫光 LED 促使叶片叶绿素含量升高较快，同时得出：受人工光照的窄叶石楠叶片，总体较正常窄叶石楠叶片叶长更长、宽度更小的狭长状态，且叶面积、周长有所增加。白光 LED、黄光 LED 照射下植物叶面积、叶周长、叶长均增加，且在叶芽数量指标方面得出：紫光 LED、红光 LED 照射下窄叶石楠的花芽数量最多，绿光 LED 照射下窄叶石楠花芽数量减少；通过对窄叶石楠光合指标的测量得出：随着光照强度增高对窄叶石楠光合节律的影响效果明显。对所测得的窄叶石楠生物节律数据进行非线性回归，得出窄叶石楠受人工光照后的光响应曲线模型，并根据直角双曲线修正系数进一步求得光谱能量分布对植物影响的结果。

如何对各个分项实验数据进行关联性分析，如何根据植物的反应直接确定利用何种光源光谱及光照强度对窄叶石楠植物进行照明，如何找到受人工光照影响的植物生理变化之间的关系，都需要利用计算机技术来统一分析和深度挖掘所得到的实验数据。而且使用者可以根据数据仓库直接进行不同光照与植物生长关系的研究，根据窄叶石楠对人工光照的反应选择适宜的光源及光照强度。

数据仓库(Data Warehouse，DW 或 DHW)是一种计算机技术，能够有效地将数据集成到同一环境中。使用计算机技术能够存储并分析数据型信息的存储库，使其保存稳定的、验证过的数据。数据仓库是将具有相同主题内容的数据存储在一起，从数据的分析角度出发，将不同位置的相关数据按照某些要求组织到相同事件列表中。相同事件列表的集成需要遵循相同的条件及执行标准，与其相关的维表数据有固定的生成标准，以确保数据分析存储的有效性。数据挖掘技术是基于数据仓库的进一步的分析,是数据仓库中的深层次分析。数据仓库及数据挖掘技术的运用,可把独立的影响结果构建在一个网络系统中进行直观的数据关联性体现并进行置信度分析。

本书仅针对窄叶石楠一种植物进行人工光照研究,但被夜景照明的园林植物品种繁多,不同种类植物有不同的需光特点,夜景照明对不同植物的影响也不尽相同。利用计算机的数据仓库和数据挖掘技术可以处理海量数据,得出受人工光照的植物的生物节律变化规律,并根据对这些数据的分析处理,提供适合各类植物的人工照明技术参数,有利于科学的园林植物夜景照明。

### 6.1.1　数据仓库技术定义

数据仓库是一种面向复杂数据分析、高层决策支持的数据存储地,来源于异地、异构的数据源或经加工的数据库的数据均可存储于数据仓库中,并可以对其进行提取和维护。数据仓库可对原数据进行深度的加工整理,通过对数据库中分散数据的整合,可剔除差异性数据,进而对数据进行汇总、抽取、清理等加工过程,确保数据仓库内的数据是围绕某一目标的集合,且具有提供不同应用系统的历史数据,为使用者提供全局范围的战略决策和长期的趋势分析。

数据仓库中数据具有面向主题(subject-oriented)、集成化(integrated)、历史化(historical)、稳定性(steady)等特性。面向主题即将数据仓库内数据按照一定的主题目标进行汇总,对数据进行一致性完整分析,无论是在数据组织上还是在分类上都是较高层次上的组织方式,可以完整地体现分析对象所关联的全部数据及数据间的关联。集成化是指数据经过加工即被组织转变为面向主题。历史化是指可以记录数据所有时间内的有效数据,并可以对数据的变化进行查看;稳定性是指数据仓库不对数据进行修改,仅提供决策和分析,对数据库中不同时间段的数据进行快照存储即可形成数据仓库。

数据在数据仓库中随着时间的推移而发生变化,根据设置时间,数据存储超过了一定的存储时间就会被清理,且数据仓库内的数据几乎都与存储时间相关联,数据随着时间的推移而进行重新组织。

目前,计算机和网络应用非常普遍,如对数据仓库中数据隐藏的深层次信息的利用,在各类数据中找出的重要信息;研究利用科研数据,为科研数据的管理、分配等提供有效依据[159]等。深入开展数据仓库和数据挖掘技术的研究,对进一步提高数据应用水平具有重要的实际意义。

### 6.1.2　数据仓库的构建方法和步骤

构建数据仓库有 3 个重要步骤,即数据获取、数据存储和数据访问[160]。数据仓库的构建需要连续地进行系统循环、系统反馈。数据仓库开发步骤并不是绝对的,其创建过程如图6.1 所示。

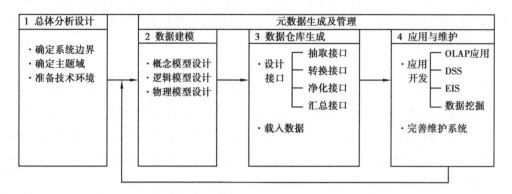

图 6.1　数据仓库设计步骤

数据仓库是面向分析型处理的数据环境,是遵循 CLDS( cycle life development system)的方法[161,162],同时还需要对原数据库系统进行分析,最终发现原有数据中的普遍规律及特点。

①系统边界的确定。根据数据要求而开发,可划定大致的系统边界。界定系统边界即根据数据仓库系统设计的需求进行数据分析,且对数据分析的需求被系统边界的定义形式所体现。

②主题域的确定。每个主题域的内容需要被明确地描述,如主题域的公共码键、主题域之间的联系等。

③技术环境的准备。确定数据库各个软件、硬件的配备要求(装载的数据需要被确定),其中涉及网络、直接存取设备、进出数据仓库的界面,以及数据查询和分析的工具,等等。

### 6.1.3　数据挖掘的构建方法和步骤

数据的收集、集成、存储、管理等都可以由数据仓库完成。经过加工的数据是数据挖掘主要面对的对象,基于数据仓库进行的数据挖掘可以进一步明确数据挖掘的目标[163]。数据中的规则可以通过合适的数据挖掘技术体现,如数据中隐藏的规律和模式都可以通过数据挖掘技术的模式评估及知识表示所展现。数据挖掘的方法见表 6.1。

表 6.1　数据挖掘的主要方法

| 分类和预 | 将大量数据按照特定规律进行分类,建立连续值函数模型,对数据间的关系进行分析和预测分析 |
|---|---|
| 聚类挖掘 | 将需要分析的数据对象集以属性的相似程度划分类别 |
| 关联规则 | 用于发现隐藏事务数据集或关系数据集中的关联 |
| 时间序列 | 根据时间重复测量得到的值或数据,通过数据趋势性变化进行分析的方法 |
| 其他方法 | 针对复杂数据类型如图形图像、视频、Web 等进行的数据挖掘 |

(1)频繁项集的产生

关联规则的挖掘[164]是通过对同一事件中不同关联所体现的。其主要内容包括频繁项集的产生及规则的产生;频繁项的产生有 $d$ 个不同项的数据集,并可产生 $2d$ 个频繁项集,同时产生 $R$ 条规则,则

$$R = \sum_{k=1}^{d-1} \left[ \binom{d}{k} \times \sum_{j=1}^{d-k} \binom{d-k}{j} \right] = 3^d - 2^{d+1} + 1$$

先验原理:如果存在一个项集为频繁模,则它的所有子集也一定是频繁的[165]。先验原理成立的原因是

$$\forall X, Y : (X \subseteq Y) \Rightarrow s(X) \geqslant s(Y)$$

确定各结构中每个候选项集的支持度技术即可得出频繁项集,通过减少候选项集的数目,可达到降低频繁项集运算复杂程度的目的。

若 $\{c, d, e\}$ 是频繁项集,则任何包含项集 $\{c, d, e\}$ 一定包含它的子集 $\{c, d\}$ $\{c, e\}$ $\{d, e\}$ $\{c\}$ $\{d\}$ $\{e\}$,给定 $k$ 个项,一共有 $2k-1$ 个项集。图 6.2 是频繁项集的产生。

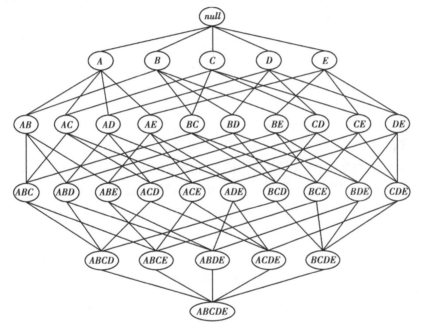

图 6.2　频繁项集

基于支持度度量修剪指数搜索空间的策略。若项集 $\{a, b\}$ 非频繁,则整个包含 $\{a, b\}$ 超集的子图可以被剪枝。如图 6.3 所示,红色区域为被剪枝区域。

(2)关联规则的数据挖掘方法

候选模式生成与测试的方法,包括建立支持度、信任度框架及迭代生成所有长度的频繁模式集。对数据库进行扫描,可以得到生成的候选 $1—C_1$(项集),同时产生频繁 $1—L_1$(项集)、频繁 $1—$项集与自身链接生成的候选 $2—C_2$(项集)。此过程严格遵循 Apriori 原理,其算法流程如下:

设 $k=1$,对数据库进行一次扫描,生成频繁 $1—L_1$;

如果此时存在两个或者两个以上的频繁 $k—L_k$,则集合有重复;

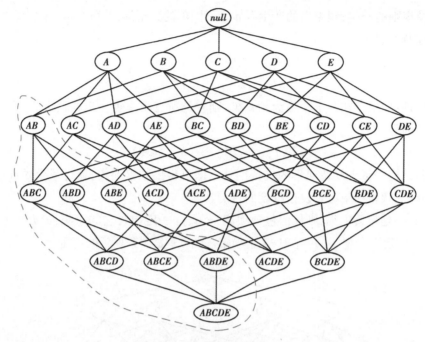

图 6.3　非频繁项集的剪枝

由长度为 $k$ 的频繁项集生成长度为 $k+1$ 的候选项集,此时候选产生;

对每个候选项集,若其为长度为 $k$ 的非频繁项集的子集,则删除该候选项集,进行候选前剪枝;再扫描一次数据库,统计每个余下的候选项集的支持度(进行支持度计算);删除非频繁的候选项集,仅保留频繁的 $(k+1)$—$L_{k+1}$,进行候选后剪枝;设定 $k=k+1$。

Apriori 算法的核心步骤如下:

①候选产生。

设

$$A = \{a_1, a_2, \cdots, a_k\}, B = \{b_1, b_2, \cdots, b_k\}$$

是一对频繁 $k$—$L_k$ 项集;

当且仅当

$$a_i = b_i \qquad (i = 1, 2, \cdots, k - 1)$$

并且 $a_k \neq b_k$ 时,合并 $A$ 和 $B$,得到

$$\{a_1, a_2, \cdots, a_k, b_k\}$$

合并 $\{a, b\}$ 和 $\{a, c\}$ 得到 $\{a, b, c\}$,但 $\{b, c\}$ 和 $\{a, c\}$ 不能合并。

②候选前剪枝。

设 $A' = \{a_1, a_2, \cdots, a_k, a_{k+1}\}$ 是一个候选 $(k+1)$—项集,则检查每个 $A'$ 是否在第 $k$ 层频繁项集中出现。其中 $A'$ 由 $A$ 去掉 $a_i (i = 1, \cdots, k-1)$ 得到。

若某个 $A'$ 没有出现,则 $A$ 是非频繁的。

## 6.2　数据仓库及数据挖掘在园林植物照明中的结构设计

数据挖掘技术起源于统计学,是从数据库中发现规则的过程。计算机的高性能计算和分布式计算技术是数据挖掘发展的重要推动力。同一事件中出现的不同项的相关性被关联规则发现。频繁项集的产生和规则的产生是关联规则算法中的重要过程,支持度与置信度是关联规则的两个重要兴趣度。基于候选模式生成与测试的方法以及基于模式增长的方法是关联规则的两个重要挖掘方法。

### 6.2.1　园林植物照明中的数据仓库应用

从人工光照对窄叶石楠的影响结果获取数据,需要对原数据进行复制及重新定义,并载入人工光照影响窄叶石楠的数据仓库之中,同时,需要完成原数据存储、原数据管理、提供数据存储的组织、数据的维护、数据的分发及数据仓库的例行维护等。数据仓库使用者在数据仓库中提取信息、分析数据集、实施决策,从而进行数据的挖掘。数据仓库中的数据被充分地收集并进行了整理、合并,而且还进行了初步的分析处理。

在查询支持方面,数据仓库集成了人工光照影响植物各个生理指标的全面、综合的数据。使用者能够直接更新数据仓库,使数据更新有专门的机制保证,可以实现采掘过程的实时交互,具有能够采掘出更深入、有价值的数据样本关系的功能。任何一个数据仓库的设计都需要遵循整体设计的原则和概念。

人工光照影响窄叶石楠生物节律的数据仓库是对原有数据进行集成而形成的数据集合。需要对原有数据进行分析理解,根据数据的历史时间规律进行组织分布。通过分析,植物叶片面积数据仅为最后一次测量结果数据,与其他数据不具有时间共性,所以剔除其数据。根据光谱能量分布、光照强度及实验结果之间的相互关系在光源选择上进行多方面分析。利用 SSAS 工具完成数据仓库的设计和分析。

本数据仓库利用 SQL Server 2012 关系数据库创建数据库,在此数据库中每个事实表对应一个关系表,每个维表对应一个关系表,并分别设计其数据项、类型、宽度、主键及表之间的联系。在数据仓库中实验数据需要被清洗、抽取、转换、加载等,这样就建立了一个人工光照影响植物生物节律的数据仓库。

根据 Microsoft SQL Server 2012 多维数据集建立数据仓库时,首先,利用 DTS 数据转换服务功能将实验数据的 xls 文件导入 SQL Server 2012,DTS 数据转换服务功能由 Microsoft SQL Server 2012 提供。此时,多维数据集按照要求建立完成。数据透视表服务提供的接口和响应的开发软件即可提供多维分析与决策,可以进行度量值及维度的多重分析,并根据多维数据集进行 Excel 导出分析。

对不同测量值及维度进行综合分析,如对人工光照光源色彩及光照强度与植物花芽数进行综合分析,直接将数据仓库中的度量数据、光源色彩及光照强度拖入对话框,即可显示其累计的分析值(图6.4)。

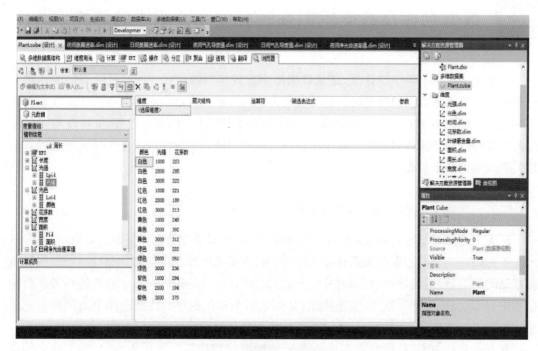

图6.4　数据仓库对话框

## 6.2.2　园林植物照明中的数据挖掘

①根据人工光照影响窄叶石楠生物节律的实验数据,运用分析变量相关系数度量的方法,选取实验数据进行相关性分析,利用式(6.1)剔除相关度极高的实验数据。

$$r_{x,y} = \frac{n \sum x_i y_i - \sum x_i y_i}{\sqrt{n \sum x_i^2 - (\sum x_i)^2} \sqrt{n \sum y_i^2 - (\sum y_i)^2}} \tag{6.1}$$

其中,$x$、$y$为变量,$r_{x,y}$为两个变量的相关系数:$-1 \leqslant r_{x,y} \leqslant 1$,且当$|r_{x,y}| = 1$时,$x$和$y$为完全线性相关;其中$r_{x,y} = 1$时,$x$、$y$完全正相关;$r_{x,y} = -1$时,$x$、$y$完全负相关;$r_{x,y} = 0$时,$x$、$y$无关。

②关联规则数据挖掘,根据人工光照对植物生物特征的影响按照数据类型分为13类(花芽数、叶绿素含量、叶面积、叶周长、叶宽、叶长、形态指标、日间净光合速率、夜间净光合速率、日间气孔导度、夜间气孔导度、日间蒸腾速率、夜间蒸腾速率),用字母 A—M 表示,且根据数据特点,将现有数据按从小到大的顺序划分为 5 个等级(1—5),部分数据区间划分如图6.5 所示。

③利用关联规则交互挖掘算法对人工光照影响植物生物指标进行挖掘,寻找实验数据之间的规则,并分析各个影响结果间的相互关系,为找出园林植物照明影响植物生长的因素奠定基础。

```
A1    B3    C5    D2    E5    F2    G3    H1    I4    J1    K2    L1    M1
A1    B4    C2    D1    E2    F2    G3    H1    I4    J1    K2    L2    M1
A1    B2    C1    D1    E2    F2    G4    H1    I3    J1    K1    L2    M1
A2    B4    C2    D1    E3    F1    G4    H1    I2    J5    K4    L5    M3
A2    B4    C4    D2    E5    F3    G4    H1    I3    J1    K1    L2    M1
A1    B4    C4    D2    E5    F2    G3    H1    I4    J1    K1    L1    M1
A2    B3    C3    D2    E4    F2    G3    H1    I1    J4    K3    L4    M3
A1    B5    C4    D2    E5    F2    G3    H1    I3    J1    K1    L1    M1
A2    B4    C3    D2    E3    F2    G3    H1    I1    J3    K3    L4    M4
A2    B3    C4    D5    E4    F5    G1    H1    I2    J1    K1    L1    M1
A1    B3    C3    D3    E3    F1    G4    H2    I1    J1    K1    L1    M1
A4    B3    C3    D2    E5    F2    G3    H2    I1    J5    K5    L3    M4
A4    B4    C3    D1    E3    F2    G4    H2    I1    J4    K3    L4    M3
A1    B2    C2    D2    E2    F2    G3    H2    I3    J1    K1    L2    M1
A2    B3    C2    D2    E2    F2    G3    H2    I1    J1    K4    L4    M3
A2    B2    C4    D2    E5    F2    G3    H2    I1    J2    K3    L3    M2
A2    B2    C4    D3    E4    F4    G2    H2    I1    J3    K3    L3    M3
A2    B5    C4    D2    E5    F2    G4    H2    I1    J3    K4    L4    M3
A2    B3    C4    D2    E5    F1    G3    H2    I2    J1    K3    L3    M4
A5    B3    C3    D2    E3    F3    G4    H2    I2    J1    K3    L2    M5
A2    B1    C1    D1    E1    F2    G3    H3    I1    J1    K3    L2    M4
A3    B2    C5    D3    E5    F4    G3    H3    I2    J1    K3    L3    M3
A1    B1    C3    D2    E4    F1    G3    H3    I1    J1    K1    L1    M1
A3    B3    C1    D1    E2    F1    G3    H3    I2    J1    K4    L2    M4
A2    B4    C5    D3    E5    F3    G3    H3    I2    J1    K3    L3    M3
```

图 6.5　数据库部分数据区间划分

如图 6.6 所示,根据数据源性质,选择任意 2~4 项因素进行分析,设关联支持度为 15,即在数据中出现 15 次及 15 以上次数的相关性,进行关联分析,得出频繁集(表 6.2)。

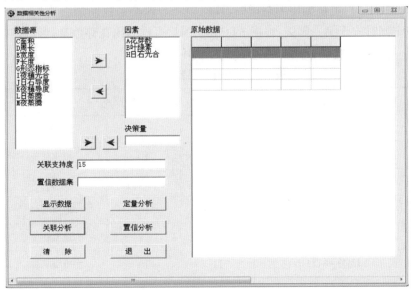

图 6.6　数据相关性分析界面

表 6.2　园林植物照明数据频繁集

| 1 频繁集 | | | 2 频繁集 | | | 3 频繁集为空 |
|---|---|---|---|---|---|---|
| 1 | A1 | 21 | 1 | A1J1 | 18 | |
| 2 | A2 | 19 | 2 | D2F2 | 19 | |
| 3 | B3 | 16 | 3 | D2G3 | 17 | |
| 4 | D1 | 15 | 4 | D2J1 | 17 | |

续表

| 1 频繁集 | | | 2 频繁集 | | | 3 频繁集为空 |
|---|---|---|---|---|---|---|
| 5 | D2 | 26 | 5 | F2G3 | 16 | |
| 6 | F2 | 28 | 6 | F2J1 | 18 | |
| 7 | G3 | 25 | 7 | G3J1 | 18 | |
| 8 | I2 | 17 | 8 | J1L2 | 16 | |
| 9 | J1 | 30 | 9 | J1M1 | 16 | |
| 10 | K3 | 17 | | | | |
| 11 | L2 | 19 | | | | |
| 12 | M1 | 17 | | | | |

例如,对数据库数据进行置信度分析(表 6.3):A1 表示花芽数、第一等级;J1 表示形态指标、第一等级;L1 表示日间净光合速率、第一等级;M1 表示夜间蒸腾速率、第一等级。又如,根据 J1L1M1→A1,可推测出形态指标、日间净光合速率与夜间蒸腾速率为第一等级时,花芽数量一定同时位于第一等级;根据 A1J1L1→M1,可推测出花芽数量、形态指标与日间光合速率为第一等级时,植物夜间蒸腾速率必处于第一等级。

表 6.3　数据库数据置信度分析

| A1J1L1M1 | 置信度分析 | | |
|---|---|---|---|
| A1J1→L1M1 | 18 | 10 | 55.556 % |
| A1L1→J1M1 | 11 | 10 | 90.909 % |
| A1M1→J1L1 | 14 | 10 | 71.429 % |
| J1L1→A1M1 | 11 | 10 | 90.909 % |
| J1M1→A1L1 | 16 | 10 | 62.500 % |
| L1M1→A1J1 | 11 | 10 | 90.909 % |
| J1L1M1→A1 | 11 | 10 | 90.909 % |
| A1L1M1→J1 | 10 | 10 | 100.000 % |
| A1J1M1→L1 | 14 | 10 | 71.429 % |
| A1J1L1→M1 | 10 | 10 | 100.000 % |

根据置信度百分数即可了解植物的另外生理特征。按照 13 类 A—M 及 5 个等级的随机排列可得出各个结果之间的相关程度,即可根据植物任意一种、两种或多种特征推测出其他的特征,预测人工光照对植物生理特征的影响,或根据植物的任意一种、两种或多种特征推测出植物其他生理特征。

# 6.3　本章小结

　　本章综合分析及讨论人工光照对窄叶石楠叶片形态及生物节律的影响,并借助计算机技术分析人工光照对窄叶石楠生物节律的影响。通过构建数据仓库及对实验数据进行数据挖掘,建立人工光照影响窄叶石楠的数据仓库,并对数据仓库中的数据进行深度挖掘,提高数据质量,形成"窄叶石楠园林照明数据仓库"。根据人工光照影响窄叶石楠实验数据类型将数据分为 13 类,并根据数据指标特点,将现有数据从小到大划分 5 个等级,利用关联分析方法对数据进行挖掘。当植物形态指标、日间净光合速率与夜间蒸腾速率为第一等级时,花芽数量一定同时位于第一等级;当花芽数量、形态指标与日间光合速率为第一等级时,可推测出植物夜间蒸腾速率必处于第一等级,即可根据植物任意一种、两种或多种特征推测出其他特征,预测人工光照对植物生物节律的影响,或根据植物的任意一种、两种或多种特征推测出植物其他生理特征,使实验数据横向研究结果联系更紧密,取得更理想的结果。

# 7 结论与展望

## 7.1 结 论

目前,我国缺乏园林植物照明的标准和规范,缺乏园林植物照明技术指导。科学的人工照明可降低光照改变对植物的不利影响,研究人工光照对植物生物节律的影响具有重要意义。本研究通过跟踪观测、理论分析及实验田实验测量,从人工光源光谱能量分布、光照强度及光照时间影响植物生物节律入手,测量了人工光照下窄叶石楠叶片指标及光合节律指标;利用 AHP 法分析了人工光照对窄叶石楠叶片形态的影响;运用非线性回归等方法建立了人工照明下窄叶石楠生物节律计算模型;运用计算机数据库及数据挖掘技术,深度挖掘实验数据,得出了人工光照对窄叶石楠生物节律的影响关系,也可解决存储处理其他人工光照植物生物节律变化的大量实验数据问题。本研究为园林植物照明的研究提供了科学的技术支撑,弥补了我国园林植物照明研究的不足,具有很强的理论性与实用性。

本研究的结论主要有以下几个方面。

(1)园林植物照明影响植物生长状态的调查研究结论

通过一般性调研得出,园林植物照明对植物生物节律的生物量、植物叶片色彩、植物形态等方面都有影响。人工光源照射能促使植物萌发大量新生叶片,部分光源周围植物枝叶老化、叶片革质、彩叶植物叶片色彩发生改变;在跟踪观测调研中发现,由于园林植物向光性使其生长出现极强的顶端优势,向地侧植物枝叶稀少,利用人工光照可对植物因向光性产生的异形有一定的缓解作用,能促使背光侧植物枝叶增多或植物叶片增大。

(2)人工光照与植物生物节律关系的理论研究

人工光照对园林植物的影响首先表现在植物夜间的光合作用上。进行人工光照与植物生物节律关系的理论研究,可得出植物光响应曲线、净光合速率、气孔导度及蒸腾速率随光照变化的函数关系。根据直角双曲线修正公式,可推导出日光下植物光响应曲线修正系数 $\beta$,并计算符合人工照明的植物光合修正系数 $\alpha = P(\lambda)/119.6$。根据植物吸收光谱范围,定义植物光合有效函数及光量子通量函数,利用光的波粒二象性进行换算,得出植物光合有效辐射 PAR 与光照度值、光量子 PPF 与光照度值之间的函数关系,为确定人工光照影响窄叶石楠生物节律实验田实验的光照强度提供了理论依据。

(3)人工光照影响窄叶石楠叶片形态指标的结论

叶片是植物获取光照的光合器官,改变了光照环境,植物叶片面积、叶绿素含量会发生改变,从而扩大或缩小植物对光的吸收。从植物叶片形态变化程度,可推测出植物受外界光环境的干扰程度,同时叶芽数也决定着植株的疏密度。在长期进化过程中,植物叶背具有了敏感的光照特性,实验中需要对植物叶片形态进行检测,包括叶片叶绿素、叶片形态及叶芽数量。

由叶绿素含量的测量得出:参照组植物(无人工光照)叶绿素含量有缓慢上升的趋势。在白光 LED、红光 LED、紫光 LED 照射下叶绿素含量升高较快,在绿光 LED、黄光 LED 照射下叶绿素含量变化极其缓慢。由叶片形态的测量得出:人工光照后植物叶片总体呈现出比参照组植物叶长更长、叶宽更小的狭长形态,且叶面积、周长也有所增加,白光 LED、黄光 LED 照射下植物叶面积、叶周长、叶长均增加,整体比参照组植物叶片大且呈狭长形,红光 LED 照射下的叶片面积、叶周长变化不大,却与参照组叶片面积差距更小,叶片变得极窄,紫光 LED、绿光 LED 照射下叶片宽度降低。由叶芽数量的测量得出:紫光 LED、红光 LED、黄光 LED、白光 LED 照射下窄叶石楠花芽数量比参照组多,绿光 LED 照射下花芽数量比参照组少。

对叶片综合指标进行统计得出:1 000 lx 光照强度下,紫光 LED 照射对窄叶石楠叶片形态指标的改变最为明显,其次为白光 LED、黄光 LED、绿光 LED、红光 LED;2 000 lx 光照强度下,红光 LED 照射对窄叶石楠叶片形态的改变最为明显,其次分别为紫光 LED、黄光 LED、绿光 LED、白光 LED;3 000 lx 光照强度下,紫光 LED 照射对叶片的形态改变最大,其次为红光 LED、黄光 LED、绿光 LED、白光 LED。在园林照明中紫光 LED、红光 LED、黄光 LED 对窄叶石楠叶片大小的改变最为明显,绿光 LED、白光 LED 影响较弱。

(4)人工光照影响窄叶石楠生物节律的结论

植物的光合作用仅在有光照的条件下进行,净光合速率是植物光合作用的重要评价标准,光合作用涉及植物光能的吸收、能量转换等过程。光响应曲线是光强、植物净光合速率之间的线性关系的体现,是植物光合效率高低的评判标准。植物气孔导度是植物调节自身与环境平衡的重要通道;蒸腾作用产生的拉力促进植物体从土壤吸收水分与营养,并保持体温。

通过研究人工光照对窄叶石楠生物节律的影响得出:光照强度对植物光合指标的影响明显大于相同光照强度下光谱的影响,对实验结果进行非线性回归得出,窄叶石楠受人工光照后光响应曲线模型为

$$P_n = \frac{(\text{AQE} \times \text{PAR} + P_{n\max} - \text{SQRT}[(\text{AQE} \times \text{PAR} + P_{n\max}) \times (\text{AQE} \times \text{PAR} + P_{n\max}) - 4 \times \text{AQE} \times \text{PAR} \times K \times P_{n\max})]}{2K - R_d}$$

此函数模型可以直接将光照强度代入,从而得出人工光照下窄叶石楠的净光合速率,进而判断植物受人工光照的影响程度。

人工光照后窄叶石楠的光响应修正系数 $\beta$($\beta$ 为光抑制项)的值越大,植物越容易受到光抑制作用,光合能力下降越明显,分析得出:白光 LED、黄光 LED 照射下窄叶石楠光合能力

明显下降;红光 LED、绿光 LED、紫光 LED 照射对窄叶石楠光合能力下的影响较小。1 000 lx 光照强度对窄叶石楠光合能力的影响不明显;2 000 lx、3 000 lx 光照强度时,白光 LED、黄光 LED 照射下窄叶石楠光合能力下降明显,其他光谱照射对窄叶石楠光合能力的影响微弱。

另外,通过计算机数据挖掘技术及数据仓库技术,将人工光照强度、光谱能量分布、光照时间及植物净光合速率、蒸腾速率、气孔导度、植物叶片面积、叶长、叶宽、叶周长、叶形态、叶芽数量及叶绿素含量等实验数据进行统一分析。通过数据挖掘找出任意物理量之间的关系,确定植物生物节律与人工光照的关系,开发出"窄叶石楠园林照明数据仓库",为今后各类园林植物的人工照明研究及应用提供数据存储与数据提取处理的科学技术支撑。

## 7.2 展　望

在人工光源光谱能量分布、光照强度对窄叶石楠生物节律影响方面进行的系统的理论研究与实验研究,揭示了人工光照对窄叶石楠生物节律产生影响的规律。但是,园林照明对植物生物节律的影响还有一些问题需要进一步研究。

①由于时间与气候限制,本研究仅针对国内部分主要城市的园林照明进行调研,由于植物的多样性及照明技术的发展,在今后的研究中还需要针对国外的园林照明应用情况进行研究,以便掌握国际先进的照明技术及园林植物人工光照的情况。

②实验田实验仅针对常见的 5 种 LED 光源设置了 3 个光照强度等级,共 15 组光照实验。目前,园林植物照明中金卤灯、高压钠灯等传统光源也有应用,在今后的实验中需加强传统光源对园林植物的影响方面的研究。

③本研究仅针对园林植物窄叶石楠进行了植物光合指标及形态指标的测量,在今后的研究中应该加入生理生化指标的测量,利用生物技术手段进一步进行实验研究。

④由于实验时间和实验条件的限制,本研究设计的"窄叶石楠园林照明数据仓库"仅仅输入了与实验相关的窄叶石楠部分实验数据,在今后的研究中还有待将更多的实验数据导入数据仓库,使数据仓库资源更加丰富。

⑤园林植物配植与园林照明相结合,夜景照明需考虑植物的适宜性,园林植物配植设计也应对植物照明提出技术参数要求。

# 附　录

## 附录1　园林植物照明跟踪观测表

| | |
|---|---|
| 植物名称:杜鹃 | |
| 拉丁学名:*Rhododendron simsii* Planch. | |
| 观测时间:2014—2016 年 | |
| 地点:重庆市嘉滨路公园 | |
| 园林照明光源:金卤灯 | 光照强度:3 250 lx |
| 植物长势:植物整体长势良好,顶端茂密,受人工光源照射部分出现植物叶片色彩变浅现象;随着光照时间延长,植物色变化面积变大。 | |

| | |
|---|---|
| 植物名称:花叶蔓长春 | |
| 拉丁学名:*Vinca major* L. | |
| 观测时间:2014—2016 年 | |
| 地点:重庆市嘉滨路公园 | |
| 园林照明光源:白光 LED | 光照强度:4 752 lx |
| 植物长势:植物整体长势良好,顶端茂密,受人工光源照射部分植物叶片枯萎,叶片色彩变浅;随着光照时间的增加,植物色变化面积增大。 | |

续表

| | |
|---|---|
| | 植物名称:银杏 |
| | 拉丁学名:*Ginkgo biloba* L. |
| | 观测时间:2014—2016 年 |
| | 地点:重庆市嘉滨路公园 |
| | 园林照明光源:金卤灯　　　　　光照强度:3 049 lx |
| | 植物长势:植物整体长势良好,顶端茂密,向日光性明显,人工光源照射下无明显差异。 |
| | 植物名称:阴香 |
| | 拉丁学名:*Cinnamomum burmanni*(Nees et T.Nees)Blume |
| | 观测时间:2013—2016 年 |
| | 地点:重庆市嘉滨路公园 |
| | 园林照明光源:白光 LED　　　　光照强度:2 450 lx |
| | 植物长势:植物整体长势良好,顶端茂密,向日光性明显,人工光源照射下植物无明显差异。 |
| | 植物名称:高山榕 |
| | 拉丁学名:*Ficus altissima* Bl. |
| | 观测时间:2014—2016 年 |
| | 地点:重庆市嘉滨路公园 |
| | 园林照明光源:白光 LED　　　　光照强度:5 430 lx |
| | 植物长势:植物整体长势良好,顶端茂密,向日光性明显,人工光源照射下无明显差异。 |
| | 植物名称:美人蕉 |
| | 拉丁学名:*Canna indica* L. |
| | 观测时间:2014—2016 年 |
| | 地点:重庆市嘉滨路公园 |
| | 园林照明光源:紫光 LED　　　　光照强度:112 lx |
| | 植物长势:植物整体长势良好,顶端茂密,向日光性明显,靠近人工光源处叶片颜色稍淡。 |

续表

| | |
|---|---|
|  | 植物名称:银杏 |
| | 拉丁学名:*Ginkgo biloba* L. |
| | 观测时间:2013—2016 年 |
| | 地点:重庆市嘉滨路公园 |
| | 园林照明光源:金卤灯　　光照强度:3 049 lx |
| | 植物长势:植物整体长势良好,顶端茂密,向日光性明显,人工光源照射下无明显差异。 |
|  | 植物名称:紫薇 |
| | 拉丁学名:*Lagerstroemia indica* L. |
| | 观测时间:2013—2016 年 |
| | 地点:重庆市嘉滨路公园 |
| | 园林照明光源:白光 LED　　光照强度:3 145 lx |
| | 植物长势:植物整体长势良好,顶端茂密,向日光性明显,人工光源照射下无明显差异。 |
|  | 植物名称:高山榕 |
| | 拉丁学名:*Ficus altissima* Bl. |
| | 观测时间:2013—2016 年 |
| | 地点:重庆市嘉滨路公园 |
| | 园林照明光源:高压钠灯　　光照强度:625 lx |
| | 植物长势:植物整体长势良好,顶端茂密,向日光性明显,人工光源照射下无明显差异,接近光源处,有生长周期提前现象。 |
|  | 植物名称:紫荆 |
| | 拉丁学名:*Cercis chinensis* Bunge |
| | 观测时间:2013—2016 年 |
| | 地点:重庆市嘉滨路公园 |
| | 园林照明光源:白光 LED　　光照强度:4 612 lx |
| | 植物长势:植物整体长势良好,顶端茂密,向日光性明显,人工光源照射下无明显差异。 |

续表

| | |
|---|---|
| 植物名称:银杏 | |
| 拉丁学名:*Ginkgo biloba* L. | |
| 观测时间:2013—2016 年 | |
| 地点:重庆市嘉滨路公园 | |
| 园林照明光源:高压钠灯 | 光照强度:1 352 lx |
| 植物长势:植物整体长势良好,顶端茂密,向日光性明显,人工光源照射下无明显差异。 | |

| | |
|---|---|
| 植物名称:银杏 | |
| 拉丁学名:*Ginkgo biloba* L. | |
| 观测时间:2013—2016 年 | |
| 地点:重庆市嘉滨路公园 | |
| 园林照明光源:白光 LED | 光照强度:2 352 lx |
| 植物长势:植物整体长势良好,顶端茂密,向日光性明显,人工光源照射下无明显差异。 | |

| | |
|---|---|
| 植物名称:阴香 | |
| 拉丁学名:*Cinnamomum burmanni*(Nees et T.Nees)Blume | |
| 观测时间:2013—2016 年 | |
| 地点:重庆市嘉滨路公园 | |
| 园林照明光源:白光 LED | 光照强度:7 525 lx |
| 植物长势:植物整体长势良好,顶端茂密,人工光源安装在植物底部,对植物形态起到一定的修正作用。 | |

| | |
|---|---|
| 植物名称:石楠 | |
| 拉丁学名:*Photinia serrulata* Lindl. | |
| 观测时间:2013—2016 年 | |
| 地点:重庆市嘉滨路公园 | |
| 园林照明光源:白光 LED | 光照强度:3 251 lx |
| 植物长势:植物整体长势良好,顶端茂密,向日光性明显,人工光源照射下植物叶片生长周期提前。 | |

续表

| | 植物名称:银杏 |
| --- | --- |
|  | 拉丁学名:*Ginkgo biloba* L. |
| | 观测时间:2013—2016 年 |
| | 地点:重庆市嘉滨路公园 |
| | 园林照明光源:高压钠灯　　光照强度:1 215 lx |
| | 植物长势:植物整体长势良好,顶端茂密,向日光性明显,人工光源照射下无明显差异。 |

| | 植物名称:棕榈 |
| --- | --- |
|  | 拉丁学名:*Trachycarpus fortunei*(Hook.) H. Wendl. |
| | 观测时间:2013—2016 年 |
| | 地点:重庆市南滨路公园 |
| | 园林照明光源:高压钠灯　　光照强度:4 250 lx |
| | 植物长势:植物整体长势良好,顶端茂密,向日光性明显,人工光源照射下无明显差异。 |

| | 植物名称:雅榕 |
| --- | --- |
|  | 拉丁学名:*Ficus concinna*(Miq.) Miq. |
| | 观测时间:2013—2016 年 |
| | 地点:重庆市南滨路公园 |
| | 园林照明光源:高压钠灯　　光照强度:5 250 lx |
| | 植物长势:植物整体长势良好,顶端茂密,向日光性明显,靠近光源的叶片稍有变黄,随着光照时间的增加,靠近光源处枝叶枯萎;主干靠近光源侧有新生小枝,叶片茂盛。 |

| | 植物名称:石楠 |
| --- | --- |
|  | 拉丁学名:*Photinia serrulata* Lindl. |
| | 观测时间:2013—2016 年 |
| | 地点:重庆市南滨路公园 |
| | 园林照明光源:白光 LED　　光照强度:6 781 lx |
| | 植物长势:植物整体长势良好,顶端茂密,向日光性明显,人工光源照射下植物叶片生长周期提前。 |

续表

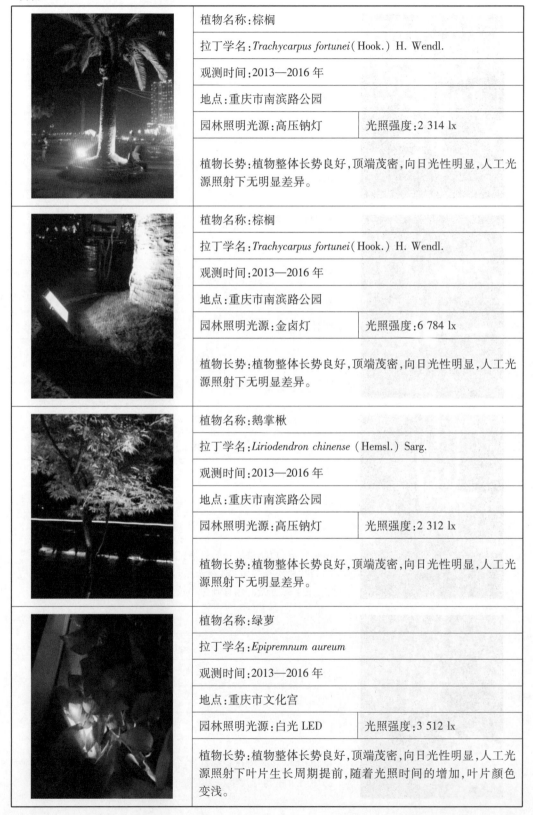

| | 植物名称:棕榈 |  |
|---|---|---|
| | 拉丁学名:*Trachycarpus fortunei*(Hook.) H. Wendl. | |
| | 观测时间:2013—2016 年 | |
| | 地点:重庆市南滨路公园 | |
| | 园林照明光源:高压钠灯 | 光照强度:2 314 lx |
| | 植物长势:植物整体长势良好,顶端茂密,向日光性明显,人工光源照射下无明显差异。 | |
| | 植物名称:棕榈 | |
| | 拉丁学名:*Trachycarpus fortunei*(Hook.) H. Wendl. | |
| | 观测时间:2013—2016 年 | |
| | 地点:重庆市南滨路公园 | |
| | 园林照明光源:金卤灯 | 光照强度:6 784 lx |
| | 植物长势:植物整体长势良好,顶端茂密,向日光性明显,人工光源照射下无明显差异。 | |
| | 植物名称:鹅掌楸 | |
| | 拉丁学名:*Liriodendron chinense*(Hemsl.) Sarg. | |
| | 观测时间:2013—2016 年 | |
| | 地点:重庆市南滨路公园 | |
| | 园林照明光源:高压钠灯 | 光照强度:2 312 lx |
| | 植物长势:植物整体长势良好,顶端茂密,向日光性明显,人工光源照射下无明显差异。 | |
| | 植物名称:绿萝 | |
| | 拉丁学名:*Epipremnum aureum* | |
| | 观测时间:2013—2016 年 | |
| | 地点:重庆市文化宫 | |
| | 园林照明光源:白光 LED | 光照强度:3 512 lx |
| | 植物长势:植物整体长势良好,顶端茂密,向日光性明显,人工光源照射下叶片生长周期提前,随着光照时间的增加,叶片颜色变浅。 | |

| | 植物名称:高山榕 |
|---|---|
| | 拉丁学名:*Ficus altissima* Bl. |
| | 观测时间:2013—2016 年 |
| | 地点:重庆市文化宫 |
| | 园林照明光源:高压钠灯 \| 光照强度:654 lx |
| | 植物长势:植物整体长势良好,顶端茂密,向日光性明显,人工光源照射下无明显差异。 |

| | 植物名称:栀子 |
|---|---|
| | 拉丁学名:*Gardenia jasminoides* Ellis. |
| | 观测时间:2014—2016 年 |
| | 地点:重庆市龙头寺公园 |
| | 园林照明光源:白光 LED \| 光照强度:2 300 lx |
| | 植物长势:植物整体长势良好,顶端茂密,受人工光源照射部分出现植物叶片泛黄现象。 |

| | 植物名称:桑 |
|---|---|
| | 拉丁学名:*Morus alba* L. |
| | 观测时间:2014—2016 年 |
| | 地点:重庆市龙头寺公园 |
| | 园林照明光源:白光 LED \| 光照强度:4 530 lx |
| | 植物长势:植物整体长势良好,顶端茂密,向日光性明显,受人工光源干扰不大,但接近光源处枝叶泛黄,长势较差。 |

| | 植物名称:银杏 |
|---|---|
| | 拉丁学名:*Ginkgo biloba* L. |
| | 观测时间:2013—2016 年 |
| | 地点:重庆市龙头寺公园 |
| | 园林照明光源:金卤灯 \| 光照强度:3 254 lx |
| | 植物长势:植物整体长势良好,顶端茂密,向日光性明显,人工光源照射下无明显差异。 |

续表

| | 植物名称:雅榕 |
|---|---|
| | 拉丁学名:*Ficus concinna*(Miq.)Miq. |
| | 观测时间:2014—2016 年 |
| | 地点:重庆市龙头寺公园 |
| | 园林照明光源:金卤灯 \| 光照强度:6 887 lx |
| | 植物长势:植物整体长势良好,顶端茂密,向日光性明显,靠近光源的叶片稍有变黄,随着光照时间的增加,靠近光源处枝叶枯萎。 |

| | 植物名称:高山榕 |
|---|---|
| | 拉丁学名:*Ficus altissima* Bl. |
| | 观测时间:2013—2016 年 |
| | 地点:重庆市龙头寺公园 |
| | 园林照明光源:金卤灯 \| 光照强度:1 254 lx |
| | 植物长势:植物整体长势良好,顶端茂密,向日光性明显,人工光源照射下无明显差异。 |

| | 植物名称:高山榕 |
|---|---|
| | 拉丁学名:*Ficus altissima* Bl. |
| | 观测时间:2013—2016 年 |
| | 地点:重庆市龙头寺公园 |
| | 园林照明光源:高压钠灯 \| 光照强度:625 lx |
| | 植物长势:植物整体长势良好,顶端茂密,向日光性明显,人工光源照射下无明显差异。 |

| | 植物名称:银杏 |
|---|---|
| | 拉丁学名:*Ginkgo biloba* L. |
| | 观测时间:2013—2016 年 |
| | 地点:重庆市龙头寺公园 |
| | 园林照明光源:高压钠灯 \| 光照强度:6 898 lx |
| | 植物长势:植物整体长势良好,顶端茂密,向日光性明显,人工光源照射下无明显差异。 |

| | |
|---|---|
|  | 植物名称:杜鹃 |
| | 拉丁学名:*Rhododendron simsii* Planch. |
| | 观测时间:2014—2016 年 |
| | 地点:重庆市龙头寺公园 |
| | 园林照明光源:绿光 LED　　光照强度:3 292 lx |
| | 植物长势:植物整体长势良好,顶端茂密,向日光性明显,人工光源照射下叶片泛黄、枯萎,靠近光源处植物长势较差。 |
|  | 植物名称:毛叶丁公藤 |
| | 拉丁学名:*Erycibe hainanensis* Merr. |
| | 观测时间:2014—2016 年 |
| | 地点:重庆市龙头寺公园 |
| | 园林照明光源:高压钠灯　　光照强度:452 lx |
| | 植物长势:植物整体长势良好,顶端茂密,向日光性明显,人工光源照射下叶片颜色较未照射处浅。 |
|  | 植物名称:竹柏 |
| | 拉丁学名:*Podocarpus nagi* (Thunb.) Zoll. et Mor. ex Zoll. |
| | 观测时间:2014—2016 年 |
| | 地点:重庆市龙头寺公园 |
| | 园林照明光源:白光 LED　　光照强度:4 552 lx |
| | 植物长势:植物整体长势良好,向光性明显,植株顶端茂密,受人工光源干扰不大。 |
|  | 植物名称:紫薇 |
| | 拉丁学名:*Lagerstroemia indica* L. |
| | 观测时间:2014—2016 年 |
| | 地点:重庆市龙头寺公园 |
| | 园林照明光源:高压钠灯　　光照强度:472 lx |
| | 植物长势:植物整体长势良好,向光性明显,植株顶端茂密,受人工光源干扰不大。 |

续表

| | |
|---|---|
| 植物名称:南天竹 | |
| 拉丁学名:*Nandina domestica* Thunb. | |
| 观测时间:2014—2016 年 | |
| 地点:重庆市龙头寺公园 | |
| 园林照明光源:高压钠灯 | 光照强度:346 lx |
| 植物长势:植物整体长势良好,顶端茂密,向日光性明显,人工光源照射下无明显差异。 | |
| 植物名称:蒲葵 | |
| 拉丁学名:*Livistona chinensis* (Jacq.) R. Br. | |
| 观测时间:2014—2016 年 | |
| 地点:重庆市龙头寺公园 | |
| 园林照明光源:高压钠灯 | 光照强度:678 lx |
| 植物长势:植物整体长势良好,顶端茂密,向日光性明显,人工光源照射下无明显差异。 | |
| 植物名称:高山榕 | |
| 拉丁学名:*Ficus altissima* Bl. | |
| 观测时间:2014—2016 年 | |
| 地点:重庆市南滨路公园 | |
| 园林照明光源:白光 LED | 光照强度:4 236 lx |
| 植物长势:植物整体长势良好,顶端茂密,向日光性明显,人工光源照射下无明显差异,近光侧树干有新生枝叶。 | |
| 植物名称:高山榕 | |
| 拉丁学名:*Ficus altissima* Bl. | |
| 观测时间:2014—2016 年 | |
| 地点:重庆市南滨路公园 | |
| 园林照明光源:白光 LED | 光照强度:4 465 lx |
| 植物长势:植物整体长势良好,顶端茂密,向日光性明显,人工光源照射下无明显差异,近光侧树干有新生枝叶。 | |

| | |
|---|---|
| 植物名称:棕榈 | |
| 拉丁学名:*Trachycarpus fortunei*(Hook.) H. Wendl. | |
| 观测时间:2014—2016 年 | |
| 地点:重庆市南滨路公园 | |
| 园林照明光源:白光 LED | 光照强度:4 642 lx |
| 植物长势:植物整体长势良好,顶端茂密,向日光性明显,人工光源照射下无明显差异。 | |

| | |
|---|---|
| 植物名称:云杉 | |
| 拉丁学名:*Picea asperata* Mast. | |
| 观测时间:2014—2016 年 | |
| 地点:重庆市南滨路公园 | |
| 园林照明光源:白光 LED | 光照强度:5 623 lx |
| 植物长势:植物整体长势良好,顶端茂密,向日光性明显,人工光源照射下无明显差异。 | |

| | |
|---|---|
| 植物名称:阴香 | |
| 拉丁学名:*Cinnamomum burmanni*(Nees et T.Nees) Blume | |
| 观测时间:2014—2016 年 | |
| 地点:重庆市南滨路公园 | |
| 园林照明光源:白光 LED | 光照强度:3 566 lx |
| 植物长势:植物整体长势良好,顶端茂密,向日光性明显,人工光源照射下无明显差异。 | |

| | |
|---|---|
| 植物名称:高山榕 | |
| 拉丁学名:*Ficus altissima* Bl. | |
| 观测时间:2014—2016 年 | |
| 地点:重庆市南滨路公园 | |
| 园林照明光源:黄光 LED | 光照强度:5 772 lx |
| 植物长势:植物整体长势良好,顶端茂密,向日光性明显,人工光源照射下近光侧出现新生枝叶。 | |

续表

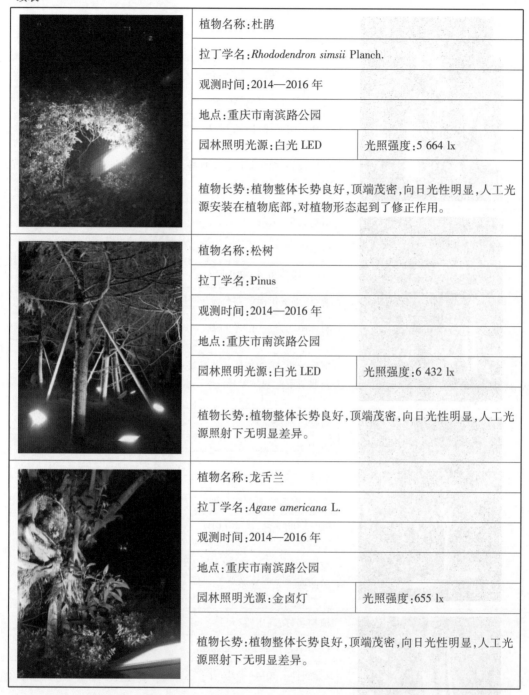

| | |
|---|---|
| 植物名称:杜鹃 | |
| 拉丁学名:*Rhododendron simsii* Planch. | |
| 观测时间:2014—2016 年 | |
| 地点:重庆市南滨路公园 | |
| 园林照明光源:白光 LED | 光照强度:5 664 lx |
| 植物长势:植物整体长势良好,顶端茂密,向日光性明显,人工光源安装在植物底部,对植物形态起到了修正作用。 | |
| 植物名称:松树 | |
| 拉丁学名:Pinus | |
| 观测时间:2014—2016 年 | |
| 地点:重庆市南滨路公园 | |
| 园林照明光源:白光 LED | 光照强度:6 432 lx |
| 植物长势:植物整体长势良好,顶端茂密,向日光性明显,人工光源照射下无明显差异。 | |
| 植物名称:龙舌兰 | |
| 拉丁学名:*Agave americana* L. | |
| 观测时间:2014—2016 年 | |
| 地点:重庆市南滨路公园 | |
| 园林照明光源:金卤灯 | 光照强度:655 lx |
| 植物长势:植物整体长势良好,顶端茂密,向日光性明显,人工光源照射下无明显差异。 | |

## 附录 2 园林照明一般性调研数据表

| | |
|---|---|
| 植物名称:石楠 | |
| 拉丁学名:*Photinia serrulata* Lindl. | |
| 观测时间:2014 年 | |
| 地点:重庆大学城 | |
| 园林照明光源:金卤灯 | 光照强度:1 325 lx |
| 植物长势:植物整体长势良好,向日光性明显,靠近光源处枝叶枯萎,叶片泛黄。 | |

| | |
|---|---|
| 植物名称:茉莉花 | |
| 拉丁学名:*Jasminum sambac*（L.）Ait. | |
| 观测时间:2014—2016 年 | |
| 地点:重庆市奥特莱斯 | |
| 园林照明光源:白光 LED | 光照强度:4 752 lx |
| 植物长势:植物整体长势良好,顶端茂密,向日光性明显,人工光源照射下植物叶片颜色变浅、泛黄。 | |

| | |
|---|---|
| 植物名称:水蔗草 | |
| 拉丁学名:*Apluda mutica* L. | |
| 观测时间:2016 年 | |
| 地点:重庆市西部奥特莱斯购物广场 | |
| 园林照明光源:高压钠灯 | 光照强度:982 lx |
| 植物长势:植物整体长势良好,顶端茂密,向日光性明显,人工光源照射下无明显差异。 | |

续表

| | |
|---|---|
| 植物名称:冬青 | |
| 拉丁学名:*Ilex chinensis* Sims | |
| 观测时间:2016 年 | |
| 地点:重庆市西部奥特莱斯购物广场 | |
| 园林照明光源:白光 LED | 光照强度:5 546 lx |
| 植物长势:植物整体长势良好,顶端茂密,向日光性明显,人工光源照射下无明显差异。 | |
| 植物名称:毛叶丁公藤 | |
| 拉丁学名:*Erycibe hainanensis* Merr. | |
| 观测时间:2015 年 | |
| 地点:重庆天地 | |
| 园林照明光源:白光 LED | 光照强度:2 195 lx |
| 植物长势:植物整体长势良好,顶端茂密,受人工光源照射部分出现植物叶片色彩变浅现象;且生长周期提前,新叶生发速度极快。 | |
| 植物名称:春鹃 | |
| 拉丁学名:*Rhododendron simsii* Planch. | |
| 观测时间:2015 年 | |
| 地点:重庆新天地 | |
| 园林照明光源:荧光灯 | 光照强度:3 250 lx |
| 植物长势:植物整体长势良好,顶端茂密,受人工光源照射部分出现植物叶片色彩变浅现象;随着光照时间延长,植物色彩变化面积变大。 | |
| 植物名称:苏铁 | |
| 拉丁学名:*Cycas revoluta* Thunb. | |
| 观测时间:2015 年 | |
| 地点:上海市南京路 | |
| 园林照明光源:金卤灯 | 光照强度:1 192 lx |
| 植物长势:植物整体长势良好,顶端茂密,向日光性明显,受人工光源干扰不大;光源安装于植物背光侧,对植物形态稍有修正。 | |

| | |
|---|---|
|  | 植物名称:南天竹 |
| | 拉丁学名:*Nandina domestica* Thunb. |
| | 观测时间:2014—2016 年 |
| | 地点:上海市嘉里中心 |
| | 园林照明光源:绿光 LED　　　　　　光照强度:2 720 lx |
| | 植物长势:植物整体长势良好,顶端茂密,向日光性明显,靠近人工光源部分出现植物叶片泛黄。 |
|  | 植物名称:高山榕 |
| | 拉丁学名:*Ficus altissima* Bl. |
| | 观测时间:2013 年 |
| | 地点:重庆市观音桥步行街 |
| | 园林照明光源:绿光 LED　　　　　　光照强度:3 430 lx |
| | 植物长势:植物整体长势良好,顶端茂密,向日光性明显,靠近光源处枝叶枯萎,长势较差。 |
|  | 植物名称:高山榕 |
| | 拉丁学名:*Ficus altissima* Bl. |
| | 观测时间:2014—2016 年 |
| | 地点:重庆市观音桥步行街 |
| | 园林照明光源:绿光 LED　　　　　　光照强度:2 790 lx |
| | 植物长势:植物整体长势良好,顶端茂密,向日光性明显,靠近光源处枝叶枯萎。 |
|  | 植物名称:红花檵木 |
| | 拉丁学名:*Loropetalum chinense*(R. Br.)Oliver var. rubrum Yieh |
| | 观测时间:2015 年 |
| | 地点:重庆天地 |
| | 园林照明光源:白光 LED　　　　　　光照强度:278 lx |
| | 植物长势:植物整体长势良好,顶端茂密,向日光性明显,人工光源照射下叶片色彩变化明显;受照射处枝叶生长周期有提前现象。 |

续表

| | |
|---|---|
|  | 植物名称:紫薇 |
| | 拉丁学名:*Lagerstroemia indica* L. |
| | 观测时间:2016 年 |
| | 地点:重庆市东原 D7 |
| | 园林照明光源:白光 LED　　光照强度:2 340 lx |
| | 植物长势:植物整体长势良好,顶端茂密,向日光性明显,人工光源照射下无明显差异。 |
|  | 植物名称:肾蕨 |
| | 拉丁学名:*Nephrolepis auriculata*(L.)Trimen |
| | 观测时间:2014 年 |
| | 地点:重庆市九龙坡万象城 |
| | 园林照明光源:白光 LED　　光照强度:2 120 lx |
| | 植物长势:植物整体长势良好,受人工光源照射部分植物叶片泛黄、枯萎,长势较差。 |
|  | 植物名称:毛叶丁公藤 |
| | 拉丁学名:*Erycibe hainanensis* Merr. |
| | 观测时间:2014 年 |
| | 地点:重庆市嘉陵公园 |
| | 园林照明光源:荧光灯　　光照强度:724 lx |
| | 植物长势:植物整体长势良好,顶端茂密,向日光性明显;利用人工光源从底部照明,植物向地侧叶片较未照明处茂盛。 |
|  | 植物名称:罗汉松 |
| | 拉丁学名:*Podocarpus macrophyllus*(Thunb.)Sweet |
| | 观测时间:2014 年 |
| | 地点:重庆市解放碑步行街 |
| | 园林照明光源:白光 LED　　光照强度:3 550 lx |
| | 植物长势:植物整体长势良好,受人工光源干扰不大。 |

| | |
|---|---|
|  | 植物名称:桑 |
| | 拉丁学名:*Morus alba* L. |
| | 观测时间:2015 年 |
| | 地点:重庆市国泰艺术中心广场 |
| | 园林照明光源:白光 LED　　　光照强度:3 720 lx |
| | 植物长势:植物整体长势良好,顶端茂密,向日光性明显,人工光源照射下无明显差异。 |
|  | 植物名称:吊兰 |
| | 拉丁学名:*Chlorophytum comosum*(Thunb.) Baker |
| | 观测时间:2015 年 |
| | 地点:重庆市国泰艺术中心广场 |
| | 园林照明光源:金卤灯　　　光照强度:3 150 lx |
| | 植物长势:植物整体长势良好,向日光性明显,接近光源处叶片泛黄、枯萎。 |
|  | 植物名称:吊兰 |
| | 拉丁学名:*Chlorophytum comosum*(Thunb.) Baker |
| | 观测时间:2013 年 |
| | 地点:重庆解放碑步行街 |
| | 园林照明光源:白光 LED　　　光照强度:3 150 lx |
| | 植物长势:植物整体长势良好,向日光性明显,接近光源处叶片泛黄、枯萎。 |
|  | 植物名称:紫荆 |
| | 拉丁学名:*Cercis chinensis* Bunge |
| | 观测时间:2015 年 |
| | 地点:重庆市日月光广场 |
| | 园林照明光源:白光 LED　　　光照强度:7 890 lx |
| | 植物长势:植物整体长势良好,向日光性明显,接近光源处枝叶泛黄。 |

续表

| | |
|---|---|
| 植物名称:雅榕 | |
| 拉丁学名:*Ficus concinna*(Miq.)Miq. | |
| 观测时间:2014 年 | |
| 地点:重庆市巴国城 | |
| 园林照明光源:白光 LED | 光照强度:4 887 lx |
| 植物长势:植物整体长势良好,向日光性明显,接近光源处枝叶泛黄。 | |

| | |
|---|---|
| 植物名称:雅榕 | |
| 拉丁学名:*Ficus concinna*(Miq.)Miq. | |
| 观测时间:2014 年 | |
| 地点:重庆市巴国城 | |
| 园林照明光源:白光 LED | 光照强度:6 885 lx |
| 植物长势:植物整体长势良好,向日光性明显,接近光源处枝叶泛黄。 | |

| | |
|---|---|
| 植物名称:茉莉花 | |
| 拉丁学名:*Jasminum sambac*(L.)Ait. | |
| 观测时间:2015 年 | |
| 地点:天津市第五大道 | |
| 园林照明光源:荧光灯 | 光照强度:5 600 lx |
| 植物长势:植物整体长势良好,向光性明显,靠近光源侧叶片边缘枯黄萎蔫。 | |

| | |
|---|---|
| 植物名称:榆树 | |
| 拉丁学名:*Ulmus pumila* L. | |
| 观测时间:2015 年 8 月 | |
| 地点:吉林省德惠市街心公园 | |
| 园林照明光源:绿光 LED | 光照强度:79 lx |
| 植物长势:植物整体长势良好,顶端茂密,向日光性明显,人工光源照射下无明显差异。 | |

续表

| | |
|---|---|
|  | 植物名称:柏木 |
| | 拉丁学名:*Cupressus funebris* Endl. |
| | 观测时间:2015 年 |
| | 地点:吉林省德惠市街心公园 |
| | 园林照明光源:绿光 LED　　　光照强度:105 lx |
| | 植物长势:植物整体长势良好,顶端茂密,向日光性明显,人工光源照射下无明显差异。 |
|  | 植物名称:山茶 |
| | 拉丁学名:*Camellia japonica* L. |
| | 观测时间:2015 年 |
| | 地点:吉林省德惠市街心公园 |
| | 园林照明光源:金卤灯　　　光照强度:5 363 lx |
| | 植物长势:植物整体长势良好,向日光性明显,接近光源处枝叶泛黄、枯萎。 |
|  | 植物名称:杜鹃 |
| | 拉丁学名:*Rhododendron simsii* Planch. |
| | 观测时间:2015 年 |
| | 地点:吉林省德惠市街心公园 |
| | 园林照明光源:金卤灯　　　光照强度:2 380 lx |
| | 植物长势:植物整体长势良好,向日光性明显,接近光源处枝叶泛黄、枯萎。 |
|  | 植物名称:柏木 |
| | 拉丁学名:*Cupressus funebris* Endl. |
| | 观测时间:2015 年 |
| | 地点:吉林省德惠市街心公园 |
| | 园林照明光源:绿光 LED　　　光照强度:190 lx |
| | 植物长势:植物整体长势良好,顶端茂密,向日光性明显,人工光源照射下无明显差异。 |

续表

| | 植物名称:碧冬茄 |  |
| --- | --- | --- |
|  | 拉丁学名:*Petunia hybrida* Vilm. | |
| | 观测时间:2015 年 | |
| | 地点:吉林省德惠市街心公园 | |
| | 园林照明光源:绿光 LED | 光照强度:190 lx |
| | 植物长势:植物整体长势良好,顶端茂密,向日光性明显,人工光源照射下无明显差异,但靠近人工光源处叶片泛黄,长势较差。 | |
| | 植物名称:杜鹃 | |
|  | 拉丁学名:*Rhododendron simsii* Planch. | |
| | 观测时间:2015 年 | |
| | 地点:吉林省德惠市街心公园 | |
| | 园林照明光源:荧光灯 | 光照强度:6 840 lx |
| | 植物长势:植物整体长势良好,顶端茂密,向日光性明显,靠近人工光源处叶片泛黄,长势较差。 | |
| | 植物名称:杜鹃 | |
|  | 拉丁学名:*Rhododendron simsii* Planch. | |
| | 观测时间:2015 年 | |
| | 地点:吉林省德惠市街心公园 | |
| | 园林照明光源:荧光灯 | 光照强度:6 540 lx |
| | 植物长势:植物整体长势良好,顶端茂密,向日光性明显,靠近人工光源处叶片泛黄,长势较差。 | |
| | 植物名称:杜鹃 | |
|  | 拉丁学名:*Rhododendron simsii* Planch. | |
| | 观测时间:2015 年 | |
| | 地点:吉林省德惠市街心公园 | |
| | 园林照明光源:荧光灯 | 光照强度:6 462 lx |
| | 植物长势:植物整体长势良好,顶端茂密,向日光性明显,靠近人工光源处叶片泛黄,长势较差。 | |

| | |
|---|---|
| 植物名称:杜鹃 | |
| 拉丁学名:*Rhododendron simsii* Planch. | |
| 观测时间:2015 年 | |
| 地点:吉林省德惠市街心公园 | |
| 园林照明光源:荧光灯 | 光照强度:7 462 lx |
| 植物长势:植物整体长势良好,顶端茂密,向日光性明显,靠近人工光源处叶片泛黄,长势较差。 | |

| | |
|---|---|
| 植物名称:银杏 | |
| 拉丁学名:*Ginkgo biloba* L. | |
| 观测时间:2013—2016 年 | |
| 地点:重庆市巴国城 | |
| 园林照明光源:荧光灯 | 光照强度:2 160 lx |
| 植物长势:植物整体长势良好,顶端茂密,向日光性明显,人工光源照射下无明显差异。 | |

| | |
|---|---|
| 植物名称:雅榕 | |
| 拉丁学名:*Ficus concinna*(Miq.)Miq. | |
| 观测时间:2014 年 | |
| 地点:重庆市巴国城 | |
| 园林照明光源:金卤灯 | 光照强度:3 021 lx |
| 植物长势:植物整体长势良好,顶端茂密,向日光性明显,人工光源照射下无明显差异。 | |

| | |
|---|---|
| 植物名称:水竹 | |
| 拉丁学名:*Phyllostachys heteroclada* Oliver | |
| 观测时间:2015 年 | |
| 地点:重庆市巴国城 | |
| 园林照明光源:高压钠灯 | 光照强度:340 lx |
| 植物长势:植物整体长势良好,人工光源照射下无明显差异。 | |

续表

| | 植物名称:黄杨 |  |
|---|---|---|
| | 拉丁学名:*Buxus sinica*（Rehd. et Wils.）Cheng | |
| | 观测时间:2015 年 | |
| | 地点:陕西省咸阳古渡公园 | |
| | 园林照明光源:白光 LED | 光照强度:2 360 lx |
| | 植物长势:植物整体长势良好,顶端茂密,向日光性明显。 | |
| | 植物名称:黄杨 | |
| | 拉丁学名:*Buxus sinica*（Rehd. et Wils.）Cheng | |
| | 观测时间:2014—2016 年 | |
| | 地点:上海市嘉里中心 | |
| | 园林照明光源:荧光灯 | 光照强度:960 lx |
| | 植物长势:植物整体长势良好,顶端茂密,向日光性明显,靠近人工光源处叶片泛黄、枯萎,长势较差。 | |
| | 植物名称:黄杨 | |
| | 拉丁学名:*Buxus sinica*（Rehd. et Wils.）Cheng | |
| | 观测时间:2015 年 | |
| | 地点:上海外滩 | |
| | 园林照明光源:白光 LED | 光照强度:7 890 lx |
| | 植物长势:植物整体长势良好,顶端茂密,向日光性明显,靠近人工光源处叶片泛黄、枯萎;光源安置于背光侧,防眩光的同时,对植物形态具有一定的修正作用。 | |
| | 植物名称:榆树 | |
| | 拉丁学名:*Ulmus pumila* L. | |
| | 观测时间:2015 年 | |
| | 地点:重庆市杨公桥 | |
| | 园林照明光源:红光 LED | 光照强度:189 lx |
| | 植物长势:植物整体长势良好,顶端茂密,向日光性明显,人工光源照射植物叶片异常茂密。 | |

| | |
|---|---|
|  | 植物名称:银杏 |
| | 拉丁学名:*Ginkgo biloba* L. |
| | 观测时间:2014—2016 年 |
| | 地点:重庆市杨家坪步行街 |
| | 园林照明光源:绿光 LED 　　　　光照强度:179 lx |
| | 植物长势:植物整体长势良好,顶端茂密,向日光性明显,人工光源照射下无明显差异。 |
|  | 植物名称:毛叶丁公藤 |
| | 拉丁学名:*Erycibe hainanensis* Merr. |
| | 观测时间:2015 年 |
| | 地点:重庆市两江幸福广场 |
| | 园林照明光源:白光 LED 　　　　光照强度:5 950 lx |
| | 植物长势:植物整体长势良好,顶端茂密,向日光性明显,人工光源照射下植物生长周期有提前现象,且色彩差异较大。 |
|  | 植物名称:红花檵木 |
| | 拉丁学名:*Loropetalum chinense*（R. Br.）Oliver var. rubrum Yieh |
| | 观测时间:2015 年 |
| | 地点:重庆市两江幸福广场 |
| | 园林照明光源:白光 LED 　　　　光照强度:6 140 lx |
| | 植物长势:植物整体长势良好,顶端茂密,向日光性明显,人工光源照射下植物生长周期有提前现象,且色彩差异较大。 |

# 附录3 窄叶石楠光合指标量表

附表 3.1　窄叶石楠净光合速率

单位：μmol/（m² · s）

| 日间窄叶石楠净光合速率值 | | | | 夜间窄叶石楠净光合速率值 | | |
|---|---|---|---|---|---|---|
| 光　源 | 1 000 lx | 2 000 lx | 3 000 lx | 参照组 | 1 000 lx | 2 000 lx | 3 000 lx |
| 白光 LED | 2.85 | 2.5 | 4.39 | 6.17 | 3.72 | 3.69 | 8.97 |
|  | 5.55 | 3.97 | 7.33 | 6.17 | 1.62 | 3.39 | 7.21 |
|  | 9.77 | 8.4 | 9.58 | 7.33 | 2.49 | 2.74 | 4.1 |
|  | 5.47 | 4.7 | 5.54 | 6.15 | 0.99 | 0.86 | 3.4 |
| 黄光 LED | 2.3 | 4.88 | 4.24 | 6.17 | 3.59 | 3.34 | 9.38 |
|  | 4.38 | 3.2 | 6.74 | 6.17 | 3.69 | 4.53 | 5.56 |
|  | 8.25 | 8.52 | 9.32 | 7.33 | 3.11 | 2.38 | 4.02 |
|  | 5.02 | 4.34 | 5.77 | 6.15 | 0.67 | 1.1 | 3.4 |
| 红光 LED | 3.13 | 4.71 | 6.15 | 6.17 | 3.25 | 3.95 | 9.12 |
|  | 4.29 | 2.53 | 8.98 | 6.17 | 4.23 | 6.64 | 8.18 |
|  | 7.47 | 8.26 | 9.79 | 7.33 | 3.59 | 2.87 | 4.5 |
|  | 3.57 | 4.84 | 5.89 | 6.15 | 0.99 | 1.62 | 3.43 |
| 绿光 LED | 3.56 | 4.27 | 5.32 | 6.17 | 3.15 | 2.56 | 9.34 |
|  | 3.77 | 3.37 | 8 | 6.17 | 4.42 | 5.87 | 7.76 |
|  | 8.39 | 8.49 | 9.41 | 7.33 | 3.47 | 3.14 | 4.31 |
|  | 5.27 | 3.88 | 5.36 | 6.15 | 1.79 | 1.82 | 3.48 |
| 紫光 LED | 4.4 | 4.54 | 4.55 | 6.17 | 2.88 | 9.58 | 9.59 |
|  | 3.15 | 2.95 | 6.66 | 6.17 | 4.47 | 6.12 | 7.19 |
|  | 8.28 | 7.9 | 8.97 | 7.33 | 2.19 | 2.65 | 3.71 |
|  | 4.33 | 3.19 | 5.36 | 6.15 | 1.46 | 2.5 | 2.84 |

附表 3.2　窄叶石楠气孔导度

| | 日间窄叶石楠气孔导度值 | | | | 夜间窄叶石楠气孔导度值 | | |
|---|---|---|---|---|---|---|---|
| 光　源 | 1 000 lx | 2 000 lx | 3 000 lx | 参照组 | 1 000 lx | 2 000 lx | 3 000 lx |
| 白光 LED | 0.068 | 0.051 | 0.042 | 0.042 | 0 | 0 | 0.005 3 |
| | 0.051 | 0.047 | 0.043 | 0.043 | 0.010 4 | 0.012 | 0.015 |
| | 0.067 | 0.088 | 0.052 | 0.052 | 0.017 | 0.064 | 0.021 |
| | 0.077 | 0.185 | 0.07 | 0.07 | 0.055 | 0.079 | 0.058 |
| 黄光 LED | 0.054 | 0.067 | 0.042 | 0.042 | 0.009 | 0.009 | 0.005 |
| | 0.052 | 0.048 | 0.043 | 0.043 | 0.0149 | 0.024 | 0.044 |
| | 0.135 | 0.188 | 0.052 | 0.052 | 0.057 | 0.06 | 0.086 |
| | 0.138 | 0.22 | 0.07 | 0.07 | 0.057 | 0.068 | 0.09 |
| 红光 LED | 0.08 | 0.06 | 0.042 | 0.042 | 0.007 | 0.005 | 0.005 |
| | 0.037 | 0.048 | 0.043 | 0.043 | 0.024 4 | 0.039 | 0.04 |
| | 0.087 | 0.082 | 0.052 | 0.052 | 0.049 | 0.048 | 0.053 |
| | 0.189 | 0.087 | 0.07 | 0.07 | 0.058 | 0.056 | 0.058 |
| 绿光 LED | 0.088 | 0.049 | 0.042 | 0.042 | 0.01 | 0.009 | 0.009 |
| | 0.051 | 0.048 | 0.043 | 0.043 | 0.026 | 0.028 | 0.041 |
| | 0.056 | 0.084 | 0.052 | 0.052 | 0.049 | 0.055 | 0.056 |
| | 0.173 | 0.164 | 0.07 | 0.07 | 0.077 | 0.066 | 0.07 |
| 紫光 LED | 0.09 | 0.063 | 0.042 | 0.042 | 0.011 | 0.013 | 0.01 |
| | 0.049 | 0.043 | 0.043 | 0.043 | 0.019 | 0.038 | 0.12 |
| | 0.159 | 0.125 | 0.052 | 0.052 | 0.063 | 0.061 | 0.048 |
| | 0.279 | 0.25 | 0.07 | 0.07 | 0.099 | 0.078 | 0.064 |

附表 3.3　窄叶石楠蒸腾速率

| 日间窄叶石楠净光合速率值 | | | | 夜间窄叶石楠净光合速率值 | | |
|---|---|---|---|---|---|---|
| 光　源 | 1 000 lx | 2 000 lx | 3 000 lx | 参照组 | 1 000 lx | 2 000 lx | 3 000 lx |
| 白光 LED | 1.373 | 1.065 | 0.756 | 1.03 | 0 | 0 | 1.386 |
| | 0.659 | 0.49 | 0.388 | 0.721 | 0.238 | 0.303 | 0.141 |
| | 0.709 | 0.844 | 1 | 0.87 | 1.13 | 0.729 | 1.099 |
| | 0.88 | 1.52 | 1.196 | 1.09 | 1.616 | 1.63 | 1.31 |
| 黄光 LED | 1.019 | 1.34 | 0.758 | 1.03 | 0 | 0.498 | 1.286 |
| | 0.711 | 0.912 | 0.476 | 0.721 | 0.224 | 0.228 | 0.127 |
| | 0.944 | 1.23 | 0.978 | 0.87 | 0.59 | 0.499 | 0.865 |
| | 1.208 | 1.675 | 1.028 | 1.09 | 1.2 | 1.464 | 1.844 |
| 红光 LED | 1.57 | 1.01 | 1.35 | 1.03 | 0.55 | 0.977 | 1.097 |
| | 0.53 | 0.548 | 0.546 | 0.721 | 0.202 | 0.146 | 0.131 |
| | 0.7 | 0.908 | 0.88 | 0.87 | 0.612 | 0.578 | 0.537 |
| | 1.515 | 1.12 | 1.281 | 1.09 | 1.146 | 0.694 | 1.177 |
| 绿光 LED | 1.68 | 1.053 | 1.096 | 1.03 | 0.58 | 1.495 | 1.201 |
| | 0.36 | 0.57 | 0.475 | 0.721 | 0.254 | 0.285 | 0.23 |
| | 0.99 | 0.989 | 0.779 | 0.87 | 0.746 | 0.693 | 0.584 |
| | 1.518 | 1.46 | 1.083 | 1.09 | 1.197 | 1.622 | 1.49 |
| 紫光 LED | 1.7 | 1.33 | 0.76 | 1.03 | 0.388 | 0.993 | 1.24 |
| | 0.965 | 0.803 | 0.44 | 0.721 | 0.309 | 0.369 | 0.269 |
| | 1.362 | 0.899 | 0.825 | 0.87 | 0.94 | 0.726 | 0.665 |
| | 1.38 | 2.088 | 1.051 | 1.09 | 1.508 | 1.355 | 2.368 |

# 附录4 窄叶石楠形态指标量表

附表 4.1　相同光强下窄叶石楠叶片的形态指标

| 光　源 | 面积/mm² | 周长/mm | 宽度/mm | 长度/mm | 形态指标 |
|---|---|---|---|---|---|
| 白光 1 000 lx | 2 021.9 | 207.4 | 36 | 106.2 | 0.590 68 |
| | 1 613.8 | 199.7 | 22 | 94.1 | 0.508 515 |
| | 829.8 | 120.2 | 16 | 80.7 | 0.721 729 |
| 黄光 1 000 lx | 1 533.6 | 176 | 28 | 82.6 | 0.622 152 |
| | 1 276.5 | 116.3 | 25 | 77.8 | 1.185 963 |
| | 2 410 | 245.8 | 39 | 113.7 | 0.501 26 |
| 红光 1 000 lx | 1 963.4 | 169.1 | 41 | 72.4 | 0.862 842 |
| | 1 599.3 | 165.9 | 36 | 73.2 | 0.730 209 |
| | 2 068.9 | 199.3 | 36 | 87.9 | 0.654 538 |
| 绿光 1 000 lx | 2 373.7 | 206.4 | 47 | 88 | 0.700 191 |
| | 1 118.6 | 168.8 | 20 | 85.5 | 0.493 333 |
| | 2 401.2 | 179.2 | 43 | 78.2 | 0.939 641 |
| 紫光 1 000 lx | 1 238.1 | 129.9 | 24 | 78.2 | 0.922 035 |
| | 1 313.9 | 150.9 | 31 | 67.4 | 0.725 093 |
| | 2 068.7 | 205.6 | 41 | 88.8 | 0.614 98 |
| 白光 2 000 lx | 1 613.8 | 199.7 | 22 | 94.1 | 0.508 515 |
| | 1 712.4 | 178.5 | 28 | 98.8 | 0.675 365 |
| | 1 393.3 | 183.5 | 32 | 80.8 | 0.519 975 |
| 黄光 2 000 lx | 1 276.5 | 116.3 | 25 | 77.8 | 1.185 963 |
| | 1 419.9 | 179.6 | 29 | 83.8 | 0.553 165 |
| | 1 730.8 | 163.5 | 34 | 78.8 | 0.813 619 |
| 红光 2 000 lx | 2 629.9 | 212.3 | 44 | 89.6 | 0.733 245 |
| | 2 056.8 | 192.2 | 39 | 86.1 | 0.699 673 |
| | 2 438.6 | 202.8 | 42 | 88 | 0.745 1 |

续表

| 光　源 | 面积/mm² | 周长/mm | 宽度/mm | 长度/mm | 形态指标 |
|---|---|---|---|---|---|
| 绿光 2 000 lx | 2 170.8 | 194.7 | 41 | 81.1 | 0.719 611 |
| | 2 175.2 | 192.6 | 40 | 89.2 | 0.736 88 |
| | 1 961 | 196.6 | 34 | 83.8 | 0.637 559 |
| 紫光 2 000 lx | 1 454.2 | 155.3 | 28 | 76.6 | 0.757 689 |
| | 2 130.3 | 182.5 | 39 | 86.3 | 0.803 757 |
| | 1 331.8 | 143.2 | 32 | 59.3 | 0.816 137 |
| 白光 3 000 lx | 1 754.9 | 156.7 | 41 | 70.9 | 0.898 099 |
| | 1 183.3 | 161.8 | 26 | 79 | 0.567 999 |
| | 3 063.9 | 242.6 | 47 | 109.9 | 0.654 188 |
| 黄光 3 000 lx | 2 290.8 | 186.9 | 42 | 83.6 | 0.824 097 |
| | 2 171.6 | 212.7 | 37 | 90.3 | 0.603 191 |
| | 1 273.8 | 144.9 | 25 | 73 | 0.762 385 |
| 红光 3 000 lx | 2 332 | 201.9 | 42 | 90.6 | 0.718 896 |
| | 1 995.8 | 169.2 | 38 | 79 | 0.876 044 |
| | 2 859.8 | 239.9 | 41 | 106.3 | 0.624 432 |
| 绿光 3 000 lx | 2 048.8 | 209.7 | 40 | 88.4 | 0.585 481 |
| | 2 046.3 | 182.9 | 37 | 73 | 0.768 691 |
| | 2 187.6 | 207.9 | 45 | 72.3 | 0.636 017 |
| 紫光 3 000 lx | 1 933.8 | 179 | 40 | 78.4 | 0.758 43 |
| | 1 471.5 | 167.7 | 30 | 78 | 0.657 512 |
| | 2 142.4 | 176.2 | 33 | 95.8 | 0.867 159 |
| 对照组 | 1 639.4 | 177.4 | 34 | 72.5 | 0.654 617 |
| | 2 588.1 | 223.4 | 47 | 96.9 | 0.651 665 |
| | 1 750.5 | 176.5 | 33 | 81.9 | 0.706 127 |

附表 4.2　人工光照后窄叶石楠叶片形态指标

| 标准差来源 | 叶面积/mm² | 叶周长/mm | 叶长/mm | 叶宽/mm | 形态指标 |
|---|---|---|---|---|---|
| 白光 LED | 662.51 | 78.69 | 21.63 | 9.96 | 0.18 |
| 黄光 LED | 492.67 | 37.27 | 12.57 | 6.76 | 0.20 |

续表

| 标准差来源 | 叶面积/mm$^2$ | 叶周长/mm | 叶长/mm | 叶宽/mm | 形态指标 |
|---|---|---|---|---|---|
| 红光 LED | 385.42 | 24.06 | 10.32 | 2.8 | 0.07 |
| 绿光 LED | 379.58 | 14.03 | 6.47 | 7.99 | 0.12 |
| 紫光 LED | 383.56 | 23.13 | 10.96 | 5.80 | 0.09 |
| 样本植物 | 474.65 | 25.56 | 6.51 | 12.29 | 0.06 |

附表 4.3  相同光谱下窄叶石楠叶绿素含量

| 光　源 | 1 | 2 | 3 | 4 |
|---|---|---|---|---|
| 白光 LED | 65.43 | 61.27 | 59.33 | 58.8 |
|  | 72.57 | 76.03 | 71.8 | 72.1 |
|  | 71.27 | 68.57 | 70.13 | 70.9 |
| 黄光 LED | 67.23 | 67.17 | 67.37 | 67.47 |
|  | 79.93 | 82.23 | 81.77 | 81.53 |
|  | 69.6 | 71.9 | 72.93 | 76.2 |
| 红光 LED | 66.73 | 76.6 | 76.2 | 78.23 |
|  | 76.2 | 72.53 | 71.06 | 71.1 |
|  | 80.57 | 82.37 | 83.3 | 81.77 |
| 绿光 LED | 91.03 | 91.43 | 90.43 | 91.23 |
|  | 83.37 | 84.23 | 80.57 | 84.33 |
|  | 73.43 | 72.23 | 73.23 | 74.33 |
| 紫光 LED | 72 | 70 | 72.43 | 72.77 |
|  | 83.33 | 80.43 | 80.5 | 82 |
|  | 78.63 | 77.93 | 78.97 | 77.8 |
| 参照组 | 66.73 | 68.23 | 68.32 | 69 |

附表 4.4  相同光照强度下窄叶石楠叶绿素含量

| 光　源 | 1 | 2 | 3 | 4 |
|---|---|---|---|---|
| 白光 1 000 lx | 65.43 | 61.27 | 59.33 | 58.8 |
| 黄光 1 000 lx | 67.23 | 67.17 | 67.37 | 67.47 |
| 红光 1 000 lx | 66.73 | 76.6 | 76.2 | 78.23 |

续表

| 光　源 | 1 | 2 | 3 | 4 |
|---|---|---|---|---|
| 绿光 1 000 lx | 91.03 | 91.43 | 90.43 | 91.23 |
| 紫光 1 000 lx | 72 | 70 | 72.43 | 72.77 |
| 参照组 | 66.73 | 68.23 | 68.32 | 69 |
| 白光 2 000 lx | 72.57 | 76.03 | 71.8 | 72.1 |
| 黄光 2 000 lx | 79.93 | 82.23 | 81.77 | 81.53 |
| 红光 2 000 lx | 76.2 | 72.53 | 71.06 | 71.1 |
| 绿光 2 000 lx | 83.37 | 84.23 | 80.57 | 84.33 |
| 紫光 2 000 lx | 83.33 | 80.43 | 80.5 | 82 |
| 参照组 | 66.73 | 68.23 | 68.32 | 69 |
| 白光 3 000 lx | 71.27 | 68.57 | 70.13 | 70.9 |
| 黄光 3 000 lx | 69.6 | 71.9 | 72.93 | 76.2 |
| 红光 3 000 lx | 80.57 | 82.37 | 83.3 | 81.77 |
| 绿光 3 000 lx | 73.43 | 72.23 | 73.23 | 74.33 |
| 紫光 3 000 lx | 78.63 | 77.93 | 78.97 | 77.8 |
| 参照组 | 66.73 | 68.23 | 68.32 | 69 |

附表 4.5　相同光谱下窄叶石楠叶芽数量统计

| 光　谱 | | 1 | 2 | 3 |
|---|---|---|---|---|
| 白光 LED | 0 | 59 | 65 | 99 |
| | 0 | 97 | 83 | 105 |
| | 0 | 40 | 62 | 120 |
| 黄光 LED | 0 | 62 | 76 | 110 |
| | 0 | 82 | 104 | 206 |
| | 0 | 67 | 107 | 138 |
| 红光 LED | 0 | 50 | 62 | 109 |
| | 0 | 48 | 62 | 79 |
| | 0 | 51 | 61 | 101 |

| 光　谱 | | 1 | 2 | 3 |
|---|---|---|---|---|
| 绿光 LED | 0 | 50 | 94 | 78 |
| | 0 | 60 | 94 | 98 |
| | 0 | 67 | 62 | 107 |
| 紫光 LED | 0 | 32 | 62 | 200 |
| | 0 | 47 | 59 | 88 |
| | 0 | 47 | 82 | 250 |
| 参照组 | 0 | 55 | 75 | 115 |

附表 4.6　相同光照强度下窄叶石楠叶芽数量

| 光　源 | 1 | 2 | 3 | 4 |
|---|---|---|---|---|
| 白光 1 000 lx | 0 | 59 | 65 | 99 |
| 黄光 1 000 lx | 0 | 62 | 76 | 110 |
| 红光 1 000 lx | 0 | 50 | 62 | 109 |
| 绿光 1 000 lx | 0 | 50 | 94 | 78 |
| 紫光 1 000 lx | 0 | 32 | 62 | 200 |
| 白光 2 000 lx | 0 | 97 | 83 | 105 |
| 黄光 2 000 lx | 0 | 82 | 104 | 206 |
| 红光 2 000 lx | 0 | 48 | 62 | 79 |
| 绿光 2 000 lx | 0 | 60 | 94 | 98 |
| 紫光 2 000 lx | 0 | 47 | 59 | 88 |
| 白光 3 000 lx | 0 | 40 | 62 | 120 |
| 黄光 3 000 lx | 0 | 67 | 107 | 138 |
| 红光 3 000 lx | 0 | 51 | 61 | 101 |
| 绿光 3 000 lx | 0 | 67 | 62 | 107 |
| 紫光 3 000 lx | 0 | 47 | 82 | 250 |
| 参照组 | 0 | 55 | 75 | 115 |

人工光照下窄叶石楠形态指标综合评价分析见附图 4.1—附图 4.24。

**准则层对于目标层的判断矩阵及单排序和一致性检验**

| 接近参照组 | SPAD | 叶面积 | 叶长 | 叶宽 | 叶周长 | 叶形态 | 叶芽数 | 开n次方 | 按行相乘 | 权重Wi | AWi | AWi/Wi | CI=(λ-n)/n-1 | CR=CI/RI |
|---|---|---|---|---|---|---|---|---|---|---|---|---|---|---|
| SPAD | 1 | 2 | 3 | 0.5 | 2 | 2 | 1 | 1.291708 | 6 | 0.157917 | 1.128132657 | 7.143843 | 0.010012244 | 0.007585 |
| 叶面积 | 1/2 | 1 | 2 | 0.5 | 1 | 1 | 1/3 | 0.774169 | 0.166667 | 0.094645 | 0.664553423 | 7.02151 | | |
| 叶长 | 1/3 | 1/2 | 1 | 0.25 | 1 | 2 | 1/6 | 0.403324 | 0.001736 | 0.049308 | 0.345436443 | 7.005682 | | |
| 叶宽 | 2 | 2 | 4 | 1 | 2 | 2 | 1/2 | 1.640671 | 32 | 0.200579 | 1.435646937 | 7.157517 | | |
| 叶周长 | 1/2 | 1 | 2 | 1/2 | 1 | 1 | 1/3 | 0.774169 | 0.166667 | 0.094645 | 0.664553423 | 7.02151 | | |
| 叶形态 | 1/2 | 1 | 2 | 1/2 | 1 | 1 | 1/3 | 0.774169 | 0.166667 | 0.094645 | 0.664553423 | 7.02151 | | |
| 叶芽数 | 2 | 3 | 6 | 2 | 3 | 3 | 1 | 2.521469 | 648 | 0.30826 | 2.172908113 | 7.048942 | | |
| | | | | | | | | 8.179677 | | | | 7.060073 | | |

**方案层对SPAD准则的判断矩阵及单排序和一致性检验**

| SPAD | 白光 | 黄光 | 红光 | 绿光 | 紫光 | 开n次方 | 按行相乘 | 权重Wi | AWi | AWi/Wi | CI=(λ-n)/n-1 | CR=CI/RI |
|---|---|---|---|---|---|---|---|---|---|---|---|---|
| 白光 | 1 | 6 | 1 | 1/2 | 2 | 1.430969 | 6 | 0.212599 | 1.075032 | 5.056618 | 0.00908169 | 0.008109 |
| 黄光 | 1/6 | 1 | 1/4 | 1/9 | 1/2 | 0.2971 | 0.002315 | 0.04414 | 0.222414 | 5.038816 | | |
| 红光 | 1 | 4 | 1 | 1/3 | 2 | 1.216729 | 2.666667 | 0.180769 | 0.908068 | 5.023348 | | |
| 绿光 | 2 | 9 | 3 | 1 | 6 | 3.177672 | 324 | 0.472107 | 2.379183 | 5.039503 | | |
| 紫光 | 1/2 | 2 | 1/2 | 1/6 | 1 | 0.608364 | 0.083333 | 0.090385 | 0.454034 | 5.023348 | | |
| | | | | | | 6.730834 | | | | 5.036327 | | |

附图4.1　1000 lx光照下植物SPAD指标模型分析

**准则层对于目标层的判断矩阵及单排序和一致性检验**

| 接近参照组 | SPAD | 叶面积 | 叶长 | 叶宽 | 叶周长 | 叶形态 | 叶芽数 | 按行相乘 | 开n次方 | 权重Wi | AWi | AWi/Wi | CI=(λ−n)/n−1 | CR=CI/RI |
|---|---|---|---|---|---|---|---|---|---|---|---|---|---|---|
| SPAD | 1 | 2 | 3 | 0.5 | 2 | 2 | 0.5 | 6 | 1.291708 | 0.157917 | 1.128132657 | 7.14842588 | | |
| 叶面积 | 1/2 | 1 | 2 | 0.5 | 1 | 1 | 0.333333 | 0.166667 | 0.774169 | 0.094645 | 0.664553423 | 7.021510232 | | |
| 叶长 | 1/3 | 1/2 | 1 | 0.25 | 0.5 | 0.5 | 0.166667 | 0.001736 | 0.403324 | 0.049308 | 0.345436443 | 7.005681552 | | |
| 叶宽 | 2 | 2 | 4 | 1 | 2 | 2 | 0.5 | 32 | 1.640671 | 0.200579 | 1.435646937 | 7.157517077 | | |
| 叶周长 | 1/2 | 1 | 2 | 1/2 | 1 | 1 | 0.333333 | 0.166667 | 0.774169 | 0.094645 | 0.664553423 | 7.021510232 | | |
| 叶形态 | 1/2 | 1 | 2 | 1/2 | 1 | 1 | 0.333333 | 0.166667 | 0.774169 | 0.094645 | 0.664553423 | 7.021510232 | | |
| 叶芽数 | 2 | 3 | 6 | 2 | 3 | 3 | 1 | 648 | 2.521469 | 0.30826 | 2.172908113 | 7.048942352 | 0.010012244 | 0.007585 |
| | | | | | | | | | 8.179677 | | | 7.060073467 | | |

**方案层对叶宽准则的判断矩阵及单排序和一致性检验**

| 叶宽 | 白光 | 黄光 | 红光 | 绿光 | 紫光 | 按行相乘 | 权重Wi | 开n次方 | AWi | AWi/Wi | CI=(λ−n)/n−1 | CR=CI/RI |
|---|---|---|---|---|---|---|---|---|---|---|---|---|
| 白光 | 1 | 2 | 9 | 8 | 2 | 288 | 0.417656 | 3.103691 | 2.159447 | 5.170398 | | |
| 黄光 | 1/2 | 1 | 9 | 5 | 1 | 22.5 | 0.250828 | 1.86396 | 1.266869 | 5.050743 | | |
| 红光 | 1/9 | 1/9 | 1 | 1/4 | 1/9 | 0.000343 | 0.027289 | 0.202788 | 0.144305 | 5.288083 | | |
| 绿光 | 1/8 | 1/5 | 4 | 1 | 1/4 | 0.025 | 0.064347 | 0.478176 | 0.335844 | 5.219274 | | |
| 紫光 | 1/2 | 1 | 9 | 4 | 1 | 18 | 0.23988 | 1.782602 | 1.202522 | 5.013011 | 0.03707543 | 0.028087447 |
| | | | | | | | | 7.431218 | | 5.148302 | | |

附图4.2　1 000 lx光照下植物叶宽指标模型分析

**准则层对于目标层的判断矩阵及单排序和一致性检验**

| 接近参照组 | SPAD | 叶面积 | 叶长 | 叶宽 | 叶周长 | 叶形态 | 叶芽数 | 按行相乘 | 开n次方 | 权重Wi | AWi | AWi/Wi |
|---|---|---|---|---|---|---|---|---|---|---|---|---|
| SPAD | 1 | 2 | 3 | 0.5 | 2 | 2 | 0.5 | 6 | 1.291708 | 0.157917 | 1.128132657 | 7.143842588 |
| 叶面积 | 1/2 | 1 | 2 | 0.5 | 1 | 1 | 1/3 | 0.166667 | 0.774169 | 0.094645 | 0.664553423 | 7.021510232 |
| 叶长 | 1/3 | 1/2 | 1 | 0.25 | 1/2 | 1/2 | 1/6 | 0.001736 | 0.403324 | 0.049308 | 0.345436443 | 7.005681552 |
| 叶宽 | 2 | 2 | 4 | 1 | 2 | 2 | 1/2 | 32 | 1.640671 | 0.200579 | 1.435646937 | 7.157517077 |
| 叶周长 | 1/2 | 1 | 2 | 1/2 | 1 | 1 | 1/3 | 0.166667 | 0.774169 | 0.094645 | 0.664553423 | 7.021510232 |
| 叶形态 | 1/2 | 1 | 2 | 1/2 | 1 | 1 | 1/3 | 0.166667 | 0.774169 | 0.094645 | 0.664553423 | 7.021510232 |
| 叶芽数 | 2 | 3 | 6 | 2 | 3 | 3 | 1 | 648 | 2.521469 | 0.30826 | 2.172908113 | 7.048942352 |
|  |  |  |  |  |  |  |  |  | 8.179677 |  |  | 7.060073467 |

$CI=(\lambda-n)/n-1 = 0.0100012244$  $CR=CI/RI = 0.007585$

**方案层对叶面积准则的判断矩阵及单排序和一致性检验**

| 叶面积 | 白光 | 黄光 | 红光 | 绿光 | 紫光 | 按行相乘 | 开n次方 | 权重Wi | AWi | AWi/Wi |
|---|---|---|---|---|---|---|---|---|---|---|
| 白光 | 1 | 9 | 2 | 1 | 1 | 18 | 1.782602 | 0.281884 | 1.410859 | 5.005109 |
| 黄光 | 1/9 | 1 | 1/6 | 1/7 | 1/7 | 0.000378 | 0.206767 | 0.032696 | 0.165488 | 5.06139 |
| 红光 | 1/2 | 6 | 1 | 1/2 | 1/2 | 0.75 | 0.944088 | 0.149289 | 0.754474 | 5.053781 |
| 绿光 | 1 | 7 | 2 | 1 | 1 | 14 | 1.695218 | 0.268066 | 1.345466 | 5.019168 |
| 紫光 | 1 | 7 | 2 | 1 | 1 | 14 | 1.695218 | 0.268066 | 1.345466 | 5.019168 |
|  |  |  |  |  |  |  | 6.323894 |  |  | 5.031723 |

$CI=(\lambda-n)/n-1 = 0.007930825$  $CR=CI/RI = 0.006008201$

附图4.3　1 000 lx光照下植物叶面积指标模型分析

准则层对于目标层的判断矩阵及单排序和一致性检验

| 接近参照组 | SPAD | 叶面积 | 叶长 | 叶宽 | 叶周长 | 叶形态 | 叶芽数 | 按行相乘 | 开n次方 | 权重Wi | AWi | AWi/Wi | CI=(λ-n)/n-1 | CR=CI/RI |
|---|---|---|---|---|---|---|---|---|---|---|---|---|---|---|
| SPAD | 1 | 2 | 3 | 0.5 | 2 | 2 | 0.5 | 6 | 1.291708 | 0.157917 | 1.128132657 | 7.143842588 | | |
| 叶面积 | 1/3 | 1 | 2 | 0.5 | 1 | 1 | 0.333333 | 0.166667 | 0.774169 | 0.094645 | 0.664553423 | 7.021510232 | | |
| 叶长 | 1/2 | 1/2 | 1 | 0.25 | 0.5 | 0.5 | 0.166667 | 0.001736 | 0.403324 | 0.049308 | 0.345436443 | 7.005681552 | | |
| 叶宽 | 2 | 2 | 4 | 1 | 2 | 2 | 0.5 | 32 | 1.640671 | 0.200579 | 1.435646937 | 7.157517077 | | |
| 叶周长 | 1/2 | 1 | 2 | 1/2 | 1 | 1 | 0.333333 | 0.166667 | 0.774169 | 0.094645 | 0.664553423 | 7.021510232 | | |
| 叶形态 | 1/2 | 1 | 2 | 1/2 | 1 | 1 | 0.333333 | 0.166667 | 0.774169 | 0.094645 | 0.664553423 | 7.021510232 | | |
| 叶芽数 | 2 | 3 | 6 | 2 | 3 | 3 | 1 | 648 | 2.521469 | 0.30826 | 2.172908113 | 7.048942352 | 0.010012244 | 0.007585 |
| | | | | | | | | | 8.179677 | | | 7.060073467 | | |

方案层对叶形态准则的判断矩阵及单排序和一致性检验

| 叶形态 | 白光 | 黄光 | 红光 | 绿光 | 紫光 | 按行相乘 | 开n次方 | 权重Wi | AWi | AWi/Wi | CI=(λ-n)/n-1 | CR=CI/RI |
|---|---|---|---|---|---|---|---|---|---|---|---|---|
| 白光 | 1 | 1/3 | 1 | 1 | 1/2 | 0.166667 | 0.698827 | 0.129373 | 0.65508 | 5.063492 | | |
| 黄光 | 3 | 1 | 3 | 3 | 1 | 27 | 1.933182 | 0.357888 | 1.85891 | 5.194113 | | |
| 红光 | 1 | 1/3 | 1 | 1 | 1 | 0.666667 | 0.922108 | 0.170709 | 0.974065 | 5.706006 | | |
| 绿光 | 1 | 1/3 | 1 | 1 | 1/2 | 0.166667 | 0.698827 | 0.129373 | 0.65508 | 5.063492 | | |
| 紫光 | 2 | 1 | 1 | 2 | 1 | 2 | 1.148698 | 0.212657 | 1.173392 | 5.517761 | 0.077243167 | 0.058517551 |
| | | | | | | | 5.401643 | | | 5.308973 | | |

附图4.4 1 000 lx光照下植物叶形态指标模型分析

准则层对于目标层的判断矩阵及单排序和一致性检验

| 接近参照组 | SPAD | 叶面积 | 叶长 | 叶宽 | 叶周长 | 叶形态 | 叶芽数 | 按行相乘 | 开n次方 | 权重Wi | AWi | AWi/Wi | CI=(λ−n)/n−1 | CR=CI/RI |
|---|---|---|---|---|---|---|---|---|---|---|---|---|---|---|
| SPAD | 1 | 2 | 3 | 0.5 | 2 | 2 | 0.5 | 6 | 1.291708 | 0.157917 | 1.128132657 | 7.143842588 | | |
| 叶面积 | 1/2 | 1 | 2 | 0.5 | 1 | 1 | 0.333333 | 0.166667 | 0.774169 | 0.094645 | 0.664553423 | 7.021510232 | | |
| 叶长 | 1/3 | 1/2 | 1 | 0.25 | 0.5 | 0.5 | 0.166667 | 0.001736 | 0.403324 | 0.049308 | 0.345436443 | 7.005681552 | | |
| 叶宽 | 2 | 2 | 4 | 1 | 2 | 2 | 0.5 | 32 | 1.640671 | 0.200579 | 1.435646937 | 7.157517077 | | |
| 叶周长 | 1/2 | 1 | 2 | 1/2 | 1 | 1 | 0.333333 | 0.166667 | 0.774169 | 0.094645 | 0.664553423 | 7.021510232 | | |
| 叶形态 | 1/2 | 1 | 2 | 1/2 | 1 | 1 | 0.333333 | 0.166667 | 0.774169 | 0.094645 | 0.664553423 | 7.021510232 | | |
| 叶芽数 | 2 | 3 | 6 | 2 | 3 | 3 | 1 | 648 | 2.521469 | 0.30826 | 2.172908113 | 7.048942352 | 0.010012244 | 0.007585 |
| | | | | | | | | | 8.179677 | | | 7.060073467 | | |

方案层对叶芽数准则的判断矩阵及单排序和一致性检验

| 叶芽数 | 白光 | 黄光 | 红光 | 绿光 | 紫光 | 按行相乘 | 开n次方 | 权重Wi | AWi | AWi/Wi | CI=(λ−n)/n−1 | CR=CI/RI |
|---|---|---|---|---|---|---|---|---|---|---|---|---|
| 白光 | 1 | 3 | 3 | 1/2 | 1/3 | 1.5 | 1.084472 | 0.148533 | 0.743157 | 5.003311 | | |
| 黄光 | 1/3 | 1 | 1 | 1/6 | 1/9 | 0.006173 | 0.361491 | 0.049511 | 0.247719 | 5.003311 | | |
| 红光 | 1/3 | 1 | 1 | 1/6 | 1/9 | 0.006173 | 0.361491 | 0.049511 | 0.247719 | 5.003311 | | |
| 绿光 | 2 | 6 | 6 | 1 | 1/2 | 36 | 2.047673 | 0.280456 | 1.407648 | 5.019138 | | |
| 紫光 | 3 | 9 | 9 | 2 | 1 | 486 | 3.446095 | 0.471989 | 2.369698 | 5.020664 | 0.002486806 | 0.001883944 |
| | | | | | | | 7.301221 | | | 5.009947 | | |

附图4.5　1 000 lx光照下植物叶芽指标模型分析

准则层对于目标层的判断矩阵及单排序和一致性检验

| 接近参照组 | SPAD | 叶面积 | 叶长 | 叶宽 | 叶周长 | 叶形态 | 叶芽数 | 按行相乘 | 开n次方 | 权重Wi | AWi | AWi/Wi | CI=(λ-n)/n-1 | CR=CI/RI |
|---|---|---|---|---|---|---|---|---|---|---|---|---|---|---|
| SPAD | 1 | 2 | 3 | 0.5 | 2 | 2 | 0.5 | 6 | 1.291708 | 0.157917 | 1.128132657 | 7.143843 | 0.010012244 | 0.007585 |
| 叶面积 | 1/2 | 1 | 2 | 0.5 | 1 | 1 | 1/3 | 0.166667 | 0.774169 | 0.094645 | 0.664553423 | 7.02151 | | |
| 叶长 | 1/3 | 1/2 | 1 | 0.25 | 1/2 | 1/2 | 1/6 | 0.001736 | 0.403324 | 0.049308 | 0.345436443 | 7.005682 | | |
| 叶宽 | 2 | 2 | 4 | 1 | 2 | 2 | 1/2 | 32 | 1.640671 | 0.200579 | 1.435646937 | 7.157517 | | |
| 叶周长 | 1/2 | 1 | 2 | 1/2 | 1 | 1 | 1/3 | 0.166667 | 0.774169 | 0.094645 | 0.664553423 | 7.02151 | | |
| 叶形态 | 1/2 | 1 | 2 | 1/2 | 1 | 1 | 1/3 | 0.166667 | 0.774169 | 0.094645 | 0.664553423 | 7.02151 | | |
| 叶芽数 | 2 | 3 | 6 | 2 | 3 | 3 | 1 | 648 | 2.521469 | 0.30826 | 2.172908113 | 7.048942 | | |
| | | | | | | | | | 8.179677 | | 7.060073 | | | |

方案层对叶长准则的判断矩阵及单排序和一致性检验

| 叶长 | 白光 | 黄光 | 红光 | 绿光 | 紫光 | 按行相乘 | 开n次方 | 权重Wi | AWi | AWi/Wi | CI=(λ-n)/n-1 | CR=CI/RI |
|---|---|---|---|---|---|---|---|---|---|---|---|---|
| 白光 | 1 | 1 | 1 | 9 | 1 | 9 | 1.551846 | 0.248458 | 1.244207 | 5.007711 | 0.002528167 | 0.002257 |
| 黄光 | 1 | 1 | 1 | 9 | 1 | 9 | 1.551846 | 0.248458 | 1.244207 | 5.007711 | | |
| 红光 | 1 | 1 | 1 | 7 | 1 | 7 | 1.475773 | 0.236279 | 1.183156 | 5.007457 | | |
| 绿光 | 1/9 | 1/9 | 1/7 | 1 | 1/7 | 0.000252 | 0.190662 | 0.030526 | 0.153247 | 5.020228 | | |
| 紫光 | 1 | 1 | 1 | 7 | 1 | 7 | 1.475773 | 0.236279 | 1.183156 | 5.007457 | | |
| | | | | | | | 6.245899 | | | 5.010113 | | |

附图4.6　1 000 lx光照下植物叶长指标模型分析

准则层对于目标层的判断矩阵及单排序和一致性检验

| 接近参照组 | SPAD | 叶面积 | 叶长 | 叶宽 | 叶周长 | 叶形态 | 叶芽数 | 按行相乘 | 开n次方 | 权重Wi | AWi | AWi/Wi | CI=(λ-n)/n-1 | CR=CI/RI |
|---|---|---|---|---|---|---|---|---|---|---|---|---|---|---|
| SPAD | 1 | 2 | 3 | 0.5 | 2 | 2 | 0.5 | 6 | 1.291708 | 0.157917 | 1.128132657 | 7.143842588 | | |
| 叶面积 | 1/2 | 1 | 2 | 0.5 | 1 | 1 | 0.333333 | 0.166667 | 0.774169 | 0.094645 | 0.664553423 | 7.021510232 | | |
| 叶长 | 1/3 | 1/2 | 1 | 0.25 | 0.5 | 0.5 | 0.166667 | 0.001736 | 0.403324 | 0.049308 | 0.345436443 | 7.005681552 | | |
| 叶宽 | 2 | 2 | 4 | 1 | 2 | 2 | 0.5 | 32 | 1.640671 | 0.200579 | 1.435646937 | 7.157517077 | | |
| 叶周长 | 1/2 | 1 | 2 | 1/2 | 1 | 1 | 0.333333 | 0.166667 | 0.774169 | 0.094645 | 0.664553423 | 7.021510232 | | |
| 叶形态 | 1/2 | 1 | 2 | 1/2 | 1 | 1 | 0.333333 | 0.166667 | 0.774169 | 0.094645 | 0.664553423 | 7.021510232 | | |
| 叶芽数 | 2 | 3 | 6 | 2 | 3 | 3 | 1 | 648 | 2.521469 | 0.30826 | 2.172908113 | 7.048942352 | | |
| | | | | | | | | | 8.179677 | | | 7.060073467 | 0.010012244 | 0.007585 |

方案层对叶周长准则的判断矩阵及单排序和一致性检验

| 叶周长 | 白光 | 黄光 | 红光 | 绿光 | 紫光 | 按行相乘 | 开n次方 | 权重Wi | AWi | AWi/Wi | CI=(λ-n)/n-1 | CR=CI/RI |
|---|---|---|---|---|---|---|---|---|---|---|---|---|
| 白光 | 1 | 1 | 1 | 1 | 1 | 1 | 1 | 0.178018 | 0.908085 | 5.10107 | | |
| 黄光 | 1 | 1 | 1 | 1 | 1/3 | 1/3 | 0.802742 | 0.142903 | 0.720848 | 5.044326 | | |
| 红光 | 1 | 1 | 1 | 1 | 1/3 | 1/3 | 0.802742 | 0.142903 | 0.720848 | 5.044326 | | |
| 绿光 | 1 | 1 | 1 | 1 | 1/8 | 1/8 | 0.659754 | 0.117448 | 0.596945 | 5.082617 | | |
| 紫光 | 1 | 3 | 3 | 8 | 1 | 72 | 2.352158 | 0.418728 | 2.101975 | 5.019911 | | |
| | | | | | | | 5.617395 | | | 5.05845 | 0.014612434 | 0.011070025 |

附图4.7　1 000 lx光照下植物叶长指标模型分析

层次总排序计算

| 七准则μai | SPAD | 叶面积 | 叶长 | 叶宽 | 叶周长 | 叶形态 | 叶芽数 |
|---|---|---|---|---|---|---|---|
| | 0.157917 | 0.094645 | 0.049308 | 0.200579 | 0.094645 | 0.094645 | 0.30826 |
| **五种光bi** | | | | | | | |
| 白光 | 0.212599 | 0.281884 | 0.248458 | 0.417656 | 0.178018 | 0.129373 | 0.148533 |
| 黄光 | 0.04414 | 0.032696 | 0.248458 | 0.250828 | 0.142903 | 0.357888 | 0.049511 |
| 红光 | 0.180769 | 0.149289 | 0.236279 | 0.027289 | 0.142903 | 0.170709 | 0.049511 |
| 绿光 | 0.472107 | 0.268066 | 0.030526 | 0.064347 | 0.117448 | 0.129373 | 0.280456 |
| 紫光 | 0.090385 | 0.268066 | 0.236279 | 0.23988 | 0.418728 | 0.212657 | 0.471989 |
| $CI_i$ | 0.009081 | 0.00793 | 0.002528 | 0.037075 | 0.014612 | 0.077243 | 0.002486 |
| $RI_i$ | 1.32 | 1.32 | 1.32 | 1.32 | 1.32 | 1.32 | 1.32 |
| $CR_i$ | 0.006879545 | 0.006007576 | 0.001915152 | 0.028087121 | 0.011069697 | 0.058517424 | 0.001883333 |

| aibin | | | | | | | 总排序 $\Sigma aibin$ |
|---|---|---|---|---|---|---|---|
| 0.033572996 | 0.026678911 | 0.012250967 | 0.083773023 | 0.01684514 | 0.012244508 | 0.045786783 | 0.231155701 |
| 0.006970456 | 0.003094513 | 0.012250967 | 0.050310829 | 0.013525054 | 0.03387231 | 0.01526261 | 0.135286391 |
| 0.028546498 | 0.014129457 | 0.011650445 | 0.0054736 | 0.013525054 | 0.016156753 | 0.01526261 | 0.10744069 |
| 0.074553721 | 0.025371107 | 0.001505176 | 0.012906657 | 0.011115866 | 0.012244508 | 0.086453367 | 0.224150401 |
| 0.014273328 | 0.025371107 | 0.011650445 | 0.048114891 | 0.039630512 | 0.020126922 | 0.145495229 | 0.304662533 |

层次总排序一致性检验

| $CI=\Sigma a_i C_i$ | $RI=\Sigma a_i RI_i$ | $CR=CI/RI$ |
|---|---|---|
| 0.019205647 | 1.32 | 0.014549733 |

附图4.8　1 000 lx光照下窄叶石楠叶片形态模型分析

准则层对于目标层的判断矩阵及单排序和一致性检验

| 接近参照组SPAD | 叶面积 | 叶长 | 叶宽 | 叶周长 | 叶形态 | 叶芽数 | 按行相乘 | 开n次方$W_i$ | 权重$W_i$ | $AW_i$ | $AW_i/W_i$ | $CI=(\lambda-n)/n-1$ | $CR=CI/RI$ |
|---|---|---|---|---|---|---|---|---|---|---|---|---|---|
| SPAD | 1 | 1/3 | 1/2 | 1 | 1/3 | 1/2 | 1/6 | 0.00463 | 0.463988 | 0.055987 | 0.392179201 | 7.004861351 | |
| 叶面积 | 3 | 1 | 1 | 2 | 1/2 | 2 | 1/2 | 6 | 1.291708 | 0.155863 | 1.117212172 | 7.167914019 | |
| 叶长 | 2 | 1 | 1 | 2 | 1/3 | 2 | 1/3 | 0.666667 | 0.943722 | 0.113873 | 0.808786438 | 7.102501709 | |
| 叶宽 | 1 | 1 | 1/2 | 1 | 1/2 | 1 | 1/6 | 0.006944 | 0.491657 | 0.059325 | 0.418156359 | 7.048517733 | |
| 叶周长 | 3 | 2 | 2 | 3 | 1 | 1 | 1/2 | 9 | 1.368738 | 0.165158 | 1.176537604 | 7.123723375 | |
| 叶形态 | 2 | 1/2 | 1/2 | 1 | 1 | 1 | 1/3 | 0.666667 | 0.943722 | 0.113873 | 0.813433805 | 7.143313389 | |
| 叶芽数 | 6 | 2 | 3 | 6 | 2 | 3 | 1 | 1296 | 2.783927 | 0.33592 | 2.353075208 | 7.004861351 | |
| | | | | | | | | | 8.287463 | | | 7.08509899 | |
| | | | | | | | | | | | | 0.014183165 | 0.010745 |

方案层对SPAD准则的判断矩阵及单排序和一致性检验

| SPAD | 白光 | 黄光 | 红光 | 绿光 | 紫光 | 按行相乘 | 开n次方$W_i$ | 权重$W_i$ | $AW_i$ | $AW_i/W_i$ | $CI=(\lambda-n)/n-1$ | $CR=CI/RI$ |
|---|---|---|---|---|---|---|---|---|---|---|---|---|
| 白光 | 1 | 1/4 | 1/4 | 1/4 | 1/4 | 0.015625 | 0.435275 | 0.074901 | 0.3803 | 5.077366 | | |
| 黄光 | 4 | 1 | 1 | 1 | 1 | 4 | 1.319508 | 0.227058 | 1.224703 | 5.393799 | | |
| 红光 | 4 | 1 | 1 | 1/4 | 1 | 0.0625 | 0.574349 | 0.098833 | 0.550593 | 5.570972 | | |
| 绿光 | 4 | 1 | 4 | 1 | 1 | 16 | 1.741101 | 0.299604 | 1.521201 | 5.077366 | | |
| 紫光 | 4 | 1 | 1 | 1 | 1 | 16 | 1.741101 | 0.299604 | 1.521201 | 5.077366 | | |
| | | | | | | | 5.811335 | | | 5.239374 | | |
| | | | | | | | | | | | 0.059843458 | 0.045535953 |

附图4.9 2 000 lx光照下窄叶石楠SPAD指标模型分析

准则层对于目标层的判断矩阵及单排序和一致性检验

| 接近参照组 | SPAD | 叶面积 | 叶长 | 叶宽 | 叶周长 | 叶形态 | 叶芽数 | 按行相乘 | 开n次方 | 权重Wi | AWi | AWi/Wi | CI=(λ-n)/n-1 | CR=CI/RI |
|---|---|---|---|---|---|---|---|---|---|---|---|---|---|---|
| SPAD | 1 | 1/3 | 1/2 | 1 | 1/3 | 1/2 | 1/6 | 0.00462963 | 0.463987849 | 0.055986719 | 0.392179201 | 7.004861351 | | |
| 叶面积 | 3 | 1 | 1 | 2 | 1 | 2 | 1/2 | 6 | 1.291708342 | 0.155862943 | 1.117212172 | 7.16914019 | | |
| 叶长 | 2 | 1 | 1 | 2 | 1/2 | 1 | 1/3 | 0.66666667 | 0.943722057 | 0.113873459 | 0.808786438 | 7.102501709 | | |
| 叶宽 | 1 | 1/2 | 1/2 | 1 | 1/3 | 1/2 | 1/6 | 0.00694444 | 0.491657311 | 0.059325432 | 0.418156359 | 7.048517733 | | |
| 叶周长 | 3 | 1 | 2 | 3 | 1 | 1 | 1/2 | 9 | 1.368738107 | 0.165157677 | 1.176537604 | 7.123723375 | | |
| 叶形态 | 2 | 1/2 | 1 | 2 | 1 | 1 | 1/3 | 0.66666667 | 0.943722057 | 0.113873459 | 0.813443805 | 7.143313389 | | |
| 叶芽数 | 6 | 2 | 3 | 6 | 2 | 3 | 1 | 1296 | 2.783927092 | 0.335920312 | 2.353075208 | 7.004861351 | 0.014183165 | 0.01074822 |
| | | | | | | | | | 8.287462815 | | | 7.08509899 | | |

方案层对叶宽准则的判断矩阵及单排序和一致性检验

| 叶宽 | 白光 | 黄光 | 红光 | 绿光 | 紫光 | 按行相乘 | 开n次方 | 权重Wi | AWi | AWi/Wi | CI=(λ-n)/n-1 | CR=CI/RI |
|---|---|---|---|---|---|---|---|---|---|---|---|---|
| 白光 | 1 | 1 | 1 | 3 | 1 | 3 | 1.245731 | 0.236058271 | 1.18508212 | 5.020294845 | | |
| 黄光 | 1 | 1 | 1 | 2 | 1 | 2 | 1.148698 | 0.217671199 | 1.09254106 | 5.019226543 | | |
| 红光 | 1 | 1 | 1 | 2 | 1 | 2 | 1.148698 | 0.217671199 | 1.09254106 | 5.019226543 | | |
| 绿光 | 1/3 | 1/2 | 1/2 | 1 | 1/3 | 0.027778 | 0.488359 | 0.09254106 | 0.46758444 | 5.05272046 | | |
| 紫光 | 1 | 1 | 1 | 3 | 1 | 3 | 1.245731 | 0.236058271 | 1.18508212 | 5.020294845 | 0.006588341 | 0.004991168 |
| | | | | | | | 5.277218 | | | 5.026353364 | | |

附图4.10 2 000 lx光照下窄叶石葡叶宽指标模型分析

准则层对于目标层的判断矩阵及单排序和一致性检验

| 接近参照组 | SPAD | 叶面积 | 叶长 | 叶宽 | 叶周长 | 叶形态 | 叶芽数 | 按行相乘 | 开n次数 | 权重Wi | AWi | AWi/Wi | CI=(λ-n)/n-1 | CR=CI/RI |
|---|---|---|---|---|---|---|---|---|---|---|---|---|---|---|
| SPAD | 1 | 1/3 | 1/2 | 1 | 1/3 | 1/2 | 1/6 | 0.00462963 | 0.463987849 | 0.055986719 | 0.392179201 | 7.004861351 | | |
| 叶面积 | 3 | 1 | 1 | 2 | 1/2 | 1 | 1/2 | 6 | 1.291708342 | 0.155862943 | 1.117212172 | 7.167914019 | | |
| 叶长 | 2 | 1 | 1 | 2 | 1/2 | 1 | 1/3 | 0.666666667 | 0.943722057 | 0.113873459 | 0.808786438 | 7.102501709 | | |
| 叶宽 | 1 | 1/2 | 1/2 | 1 | 1/3 | 1/2 | 1/6 | 0.00694444 | 0.491657311 | 0.059325432 | 0.418156359 | 7.048517733 | | |
| 叶周长 | 3 | 2 | 2 | 3 | 1 | 2 | 1/2 | 9 | 1.368738107 | 0.165157677 | 1.176537604 | 7.123723375 | | |
| 叶形态 | 2 | 1 | 1 | 2 | 1/2 | 1 | 1/3 | 0.666666667 | 0.943722057 | 0.113873459 | 0.813433805 | 7.143313389 | | |
| 叶芽数 | 6 | 2 | 3 | 6 | 2 | 3 | 1 | 1296 | 2.783927092 | 0.335920312 | 2.353075208 | 7.004861351 | | |
| | | | | | | | | | 8.287462815 | | | 7.08509899 | 0.014183165 | 0.010744822 |

方案层对叶面积准则的判断矩阵及单排序和一致性检验

| 叶面积 | 白光 | 黄光 | 红光 | 绿光 | 紫光 | 按行相乘 | 开n次方 | 权重Wi | AWi | AWi/Wi | CI=(λ-n)/n-1 | CR=CI/RI |
|---|---|---|---|---|---|---|---|---|---|---|---|---|
| 白光 | 1 | 1/2 | 1/9 | 1/5 | 1/2 | 0.005556 | 0.353953 | 0.049144955 | 0.246889527 | 5.023700302 | | |
| 黄光 | 2 | 1 | 1/5 | 1/3 | 1 | 0.133333 | 0.668325 | 0.092794277 | 0.466092865 | 5.022862174 | | |
| 红光 | 9 | 5 | 1 | 2 | 9 | 810 | 3.816779 | 0.529944574 | 2.718753771 | 5.130260607 | | |
| 绿光 | 5 | 3 | 1/2 | 1 | 2 | 15 | 1.718772 | 0.238644647 | 1.206667635 | 5.056336479 | | |
| 紫光 | 2 | 1 | 1/9 | 1/2 | 1 | 0.111111 | 0.644394 | 0.089471546 | 0.458760788 | 5.127448965 | | |
| | | | | | | | 7.202223 | | | 5.072121706 | 0.018030426 | 0.013659414 |

附图4.11 2 000 lx光照下窄叶石楠叶面积指标模型分析

准则层对于目标层的判断矩阵及单排序和一致性检验

| 接近参照组 | SPAD | 叶面积 | 叶长 | 叶宽 | 叶周长 | 叶形态 | 叶芽数 | 按行相乘 | 开n次方 | 权重Wi | $AW_i$ | $AW_i/W_i$ | $CI=(\lambda-n)/n-1$ | $CR=CI/RI$ |
|---|---|---|---|---|---|---|---|---|---|---|---|---|---|---|
| SPAD | 1 | 1/3 | 1/2 | 1 | 1/3 | 1/2 | 1/6 | 0.00462963 | 0.46398719 | 0.055986719 | 0.392179201 | 7.004861351 | | |
| 叶面积 | 3 | 1 | 1 | 2 | 1 | 2 | 1/2 | 6 | 1.29170842 | 0.155862943 | 1.117212172 | 7.167914019 | | |
| 叶长 | 2 | 1 | 1 | 2 | 1/2 | 1 | 1/3 | 0.66666667 | 0.94372057 | 0.113873459 | 0.808786438 | 7.102501709 | | |
| 叶宽 | 1 | 1/2 | 1/2 | 1 | 1/3 | 1/2 | 1/6 | 0.00694444 | 0.49165731 | 0.059325432 | 0.418156359 | 7.048517733 | | |
| 叶周长 | 3 | 1 | 2 | 3 | 1 | 1 | 1/2 | 9 | 1.368738107 | 0.165157677 | 1.176537604 | 7.123723375 | | |
| 叶形态 | 2 | 1/2 | 1 | 2 | 1 | 1 | 1/3 | 0.66666667 | 0.943722057 | 0.113873459 | 0.813433805 | 7.143313389 | | |
| 叶芽数 | 6 | 2 | 3 | 6 | 2 | 3 | 1 | 1296 | 2.783927092 | 0.335920312 | 2.353075208 | 7.004861351 | 0.014183165 | 0.01074822 |
| | | | | | | | | | 8.287462815 | | | 7.08509899 | | |

方案层对叶形态准则的判断矩阵及单排序及一致性检验

| 叶形态 | 白光 | 黄光 | 红光 | 绿光 | 紫光 | 按行相乘 | 开n次方 | $AW_i$ | 权重Wi | $AW_i/W_i$ | $CI=(\lambda-n)/n-1$ | $CR=CI/RI$ |
|---|---|---|---|---|---|---|---|---|---|---|---|---|
| 白光 | 1 | 2 | 4 | 8 | 2 | 128 | 2.639016 | 2.158234113 | 0.429089611 | 5.029798111 | | |
| 黄光 | 1/2 | 1 | 1 | 3 | 1 | 1.5 | 1.084472 | 0.89080681 | 0.176329208 | 5.098875509 | | |
| 红光 | 1/4 | 1 | 1 | 2 | 1/2 | 0.25 | 0.757858 | 0.627723132 | 0.123223633 | 5.094178119 | | |
| 绿光 | 1/8 | 1/3 | 1/2 | 1 | 1/4 | 0.005208 | 0.349414 | 0.284473365 | 0.056812743 | 5.00721051 | | |
| 紫光 | 1/2 | 1 | 2 | 4 | 1 | 4 | 1.319508 | 1.079117057 | 0.214544805 | 5.029798111 | 0.012993018 | 0.009843195 |
| | | | | | | | 6.150267 | | | 5.051972072 | | |

附图4.12　2 000 lx光照下窄叶石楠形态指标模型分析

准则层对于目标层的判断矩阵及单排序和一致性检验

| 接近参照组 | SPAD | 叶面积 | 叶长 | 叶宽 | 叶周长 | 叶形态 | 叶芽数 | 按行相乘 | 开n次方 | 权重Wi | AWi | AWi/Wi | CI=(λ-n)/n-1 | CR=CI/RI |
|---|---|---|---|---|---|---|---|---|---|---|---|---|---|---|
| SPAD | 1 | 1/3 | 1/2 | 1 | 1/3 | 1/2 | 1/6 | 0.00462963 | 0.463987849 | 0.055986719 | 0.392179201 | 7.004861351 | | |
| 叶面积 | 3 | 1 | 1 | 2 | 1 | 2 | 1/2 | 6 | 1.291708342 | 0.155862943 | 1.117212172 | 7.167914019 | | |
| 叶长 | 2 | 1 | 1 | 2 | 1/2 | 1 | 1/3 | 0.66666667 | 0.943722057 | 0.113873459 | 0.808786438 | 7.102501709 | | |
| 叶宽 | 1 | 1/2 | 1/2 | 1 | 1/3 | 1/2 | 1/6 | 0.00694444 | 0.49165311 | 0.059325432 | 0.418156359 | 7.048517733 | | |
| 叶周长 | 3 | 1 | 2 | 3 | 1 | 1 | 1/2 | 9 | 1.36873817 | 0.165157677 | 1.176537604 | 7.123723375 | | |
| 叶形态 | 2 | 1/2 | 1 | 2 | 1 | 1 | 1/3 | 0.66666667 | 0.943722057 | 0.113873459 | 0.813433805 | 7.143313389 | | |
| 叶芽数 | 6 | 2 | 3 | 6 | 2 | 3 | 1 | 1296 | 2.783927092 | 0.335920312 | 2.353075208 | 7.004861351 | 0.014183165 | 0.010744822 |
| | | | | | | | | | 8.287462815 | | | 7.08509899 | | |

方案层对叶芽数准则的判断矩阵及单排序和一致性检验

| 叶芽数 | 白光 | 黄光 | 红光 | 绿光 | 紫光 | 按行相乘 | 开n次方 | 权重Wi | AWi | AWi/Wi | CI=(λ-n)/n-1 | CR=CI/RI |
|---|---|---|---|---|---|---|---|---|---|---|---|---|
| 白光 | 1 | 1/5 | 1/3 | 1/2 | 1/3 | 0.011111 | 0.406585 | 0.070631072 | 0.354923191 | 5.025029077 | | |
| 黄光 | 5 | 1 | 1 | 3 | 2 | 30 | 1.97435 | 0.342979807 | 1.741727325 | 5.078221196 | | |
| 红光 | 3 | 1 | 1 | 2 | 1 | 6 | 1.430969 | 0.248584789 | 1.262660848 | 5.079397067 | | |
| 绿光 | 2 | 1/3 | 1/2 | 1 | 1/2 | 0.166667 | 0.698827 | 0.121398704 | 0.609482659 | 5.020503836 | | |
| 紫光 | 3 | 1/2 | 1 | 2 | 1 | 3 | 1.245731 | 0.216405628 | 1.091170945 | 5.042484459 | 0.012269982 | 0.009295441 |
| | | | | | | | 5.756463 | | | 5.049079927 | | |

附图4.13　2 000 lx光照下窄叶石楠叶芽指标模型分析

**准则层对于目标层的判断矩阵及单排序和一致性检验**

| 接近参照组 SPAD | 叶面积 | 叶长 | 叶宽 | 叶周长 | 叶形态 | 叶芽数 | 按行相乘 | 开n次方 | 权重$W_i$ | $AW_i$ | $AW_i/W_i$ | $CI=(\lambda-n)/n-1$ | $CR=CI/RI$ |
|---|---|---|---|---|---|---|---|---|---|---|---|---|---|
| SPAD 1 | 1/3 | 1/2 | 1 | 1/3 | 1/2 | 1/6 | 0.00462963 | 0.463987849 | 0.055986719 | 0.392179201 | 7.004861351 | | |
| 叶面积 3 | 1 | 1 | 2 | 1 | 2 | 1/2 | 6 | 1.291708342 | 0.155862943 | 1.117212172 | 7.167914019 | | |
| 叶长 2 | 1 | 1 | 2 | 1/2 | 1 | 1/3 | 0.666666667 | 0.943722057 | 0.113873459 | 0.808786438 | 7.102501709 | | |
| 叶宽 1 | 1/2 | 1/2 | 1 | 1/3 | 1/2 | 1/6 | 0.006944444 | 0.491657311 | 0.059325432 | 0.418156359 | 7.048517733 | | |
| 叶周长 3 | 1 | 2 | 3 | 1 | 1 | 1/2 | 9 | 1.368738107 | 0.165157677 | 1.176537604 | 7.123723375 | | |
| 叶形态 2 | 1/2 | 1 | 2 | 1 | 1 | 1/3 | 0.666666667 | 0.943722057 | 0.113873459 | 0.813433805 | 7.143313389 | | |
| 叶芽数 6 | 2 | 3 | 6 | 2 | 3 | 1 | 1296 | 2.783927092 | 0.335920312 | 2.353075208 | 7.004861351 | 0.014183165 | 0.010744822 |
| | | | | | | | | 8.287462815 | | | 7.08509899 | | |

**方案层对叶长准则的判断矩阵及单排序和一致性检验**

| 叶长 | 白光 | 黄光 | 红光 | 绿光 | 紫光 | 按行相乘 | 开n次方 | 权重$W_i$ | $AW_i$ | $AW_i/W_i$ | $CI=(\lambda-n)/n-1$ | $CR=CI/RI$ |
|---|---|---|---|---|---|---|---|---|---|---|---|---|
| 白光 1 | 1 | 2 | 2 | 4 | 1 | 16 | 1.741101 | 0.311633904 | 1.55920145 | 5.003311352 | | |
| 黄光 1/2 | 1/2 | 1 | 1 | 2 | 1/2 | 0.5 | 0.870551 | 0.155816952 | 0.779600725 | 5.003311352 | | |
| 红光 1/2 | 1/2 | 1 | 1 | 2 | 1/2 | 0.5 | 0.870551 | 0.155816952 | 0.779600725 | 5.003311352 | | |
| 绿光 1/4 | 1/4 | 1/2 | 1/2 | 1 | 1/3 | 0.020833 | 0.461054 | 0.082522515 | 0.414317835 | 5.020664173 | | |
| 紫光 1 | 1 | 2 | 2 | 3 | 1 | 12 | 1.643752 | 0.294209677 | 1.476678934 | 5.019137882 | 0.002486806 | 0.001883944 |
| | | | | | | | 5.587008 | | | 5.009947222 | | |

附图4.14 2 000 lx光照下窄叶石楠叶长指标模型分析

准则层对于目标层的判断矩阵及单排序和一致性检验

| 接近参照组 | SPAD | 叶面积 | 叶长 | 叶宽 | 叶周长 | 叶形态 | 叶芽数 | 按行相乘 | 开n次方 | 权重$W_i$ | $AW_i$ | $AW_i/W_i$ | $CI=(\lambda-n)/n-1$ | $CR=CI/RI$ |
|---|---|---|---|---|---|---|---|---|---|---|---|---|---|---|
| SPAD | 1 | 1/3 | 1/2 | 1 | 1/3 | 1/2 | 1/6 | 0.00462963 | 0.463987849 | 0.055986719 | 0.392179201 | 7.004861351 | | |
| 叶面积 | 3 | 1 | 1 | 2 | 1 | 2 | 1/2 | 6 | 1.291708342 | 0.155862943 | 1.117212172 | 7.167914019 | | |
| 叶长 | 2 | 1 | 1 | 2 | 1/2 | 1 | 1/3 | 0.666666667 | 0.943722057 | 0.113873459 | 0.808786438 | 7.102501709 | | |
| 叶宽 | 1 | 1/2 | 1/2 | 1 | 1/3 | 1/2 | 1/6 | 0.006944444 | 0.491657311 | 0.059325432 | 0.418156359 | 7.048517733 | | |
| 叶周长 | 3 | 1 | 2 | 3 | 1 | 1 | 1/2 | 9 | 1.368738107 | 0.165157677 | 1.176537604 | 7.123723375 | | |
| 叶形态 | 2 | 1/2 | 1 | 2 | 1 | 1 | 1/3 | 0.666666667 | 0.943722057 | 0.113873459 | 0.813433805 | 7.143313389 | | |
| 叶芽数 | 6 | 2 | 3 | 6 | 2 | 3 | 1 | 1296 | 2.783927092 | 0.335920312 | 2.353075208 | 7.004861351 | 0.01418165 | 0.01074822 |
| | | | | | | | | | 8.287462815 | | | 7.08509899 | | |

方案层对叶周长准则层的判断矩阵及单排序和一致性检验

| 叶周长 | 白光 | 黄光 | 红光 | 绿光 | 紫光 | 按行相乘 | 开n次方 | 权重$W_i$ | $AW_i$ | $AW_i/W_i$ | $CI=(\lambda-n)/n-1$ | $CR=CI/RI$ |
|---|---|---|---|---|---|---|---|---|---|---|---|---|
| 白光 | 1 | 3 | 3 | 6 | 2 | 108 | 2.550849 | 0.424261673 | 2.125606207 | 5.010130168 | | |
| 黄光 | 1/3 | 1 | 1 | 2 | 1/2 | 0.333333 | 0.802742 | 0.133513382 | 0.668868522 | 5.009748911 | | |
| 红光 | 1/3 | 1 | 1 | 2 | 1/2 | 0.333333 | 0.802742 | 0.133513382 | 0.668868522 | 5.009748911 | | |
| 绿光 | 1/6 | 1/2 | 1/2 | 1 | 1/3 | 0.013889 | 0.425142 | 0.070710279 | 0.354267701 | 5.010130168 | | |
| 紫光 | 1/2 | 2 | 2 | 3 | 1 | 6 | 1.430969 | 0.238001284 | 1.196316486 | 5.026512749 | 0.003313545 | 0.002510262 |
| | | | | | | | 6.012443 | | | 5.013254181 | | |

附图4.15 2 000 lx光照下窄叶石楠叶周长指标模型分析

层次总排序计算

| 七准则ai / 五种光bi | SPAD | 叶面积 | 叶长 | 叶宽 | 叶周长 | 叶形态 | 叶芽数 | 层次总排序计算 | | | aibin | | | | Σaibin（总排序） |
|---|---|---|---|---|---|---|---|---|---|---|---|---|---|---|---|
| 七准则ai | 0.055987 | 0.155863 | 0.113873 | 0.059325 | 0.165158 | 0.113873 | 0.33592 | | | | | | | | |
| 白光 | 0.074901 | 0.049145 | 0.311633 | 0.236058 | 0.424262 | 0.42989 | 0.070631 | 0.004193482 | 0.007659887 | 0.035486585 | 0.01404141 | 0.070070263 | 0.048952864 | 0.023726366 | 0.204093588 |
| 黄光 | 0.227058 | 0.092794 | 0.155817 | 0.217671 | 0.133513 | 0.176329 | 0.34298 | 0.012712296 | 0.014463151 | 0.017743349 | 0.012913332 | 0.02205074 | 0.020079112 | 0.115213842 | 0.215175823 |
| 红光 | 0.098833 | 0.529944 | 0.155817 | 0.217671 | 0.133513 | 0.123224 | 0.248585 | 0.005533363 | 0.082598662 | 0.017743349 | 0.012913332 | 0.02205074 | 0.014031887 | 0.083504673 | 0.238376006 |
| 绿光 | 0.299604 | 0.238645 | 0.082522 | 0.092541 | 0.07071 | 0.056813 | 0.121399 | 0.016773929 | 0.037195926 | 0.00939397028 | 0.005489995 | 0.011678322 | 0.006469467 | 0.040780352 | 0.12778018 |
| 紫光 | 0.299604 | 0.089472 | 0.29421 | 0.236058 | 0.238001 | 0.214545 | 0.216406 | 0.016773929 | 0.013945374 | 0.033502575 | 0.01404141 | 0.039307769 | 0.02443083 | 0.072695104 | 0.214659775 |
| $CI_i$ | 0.059843 | 0.01803 | 0.002487 | 0.006588 | 0.003313 | 0.012993 | 0.01227 | | | | | | | | |
| $RI_i$ | 1.32 | 1.32 | 1.32 | 1.32 | 1.32 | 1.32 | 1.32 | | | | | | | | |
| $CR_i$ | 0.045335606 | 0.013659091 | 0.001884091 | 0.004990909 | 0.002509848 | 0.009843182 | 0.009295455 | | | | | | | | |

层次总排序一致性检验

| $CI=\Sigma a_i CI_i$ | $RI=\Sigma a_i RI_i$ | $CR=CI/RI$ |
|---|---|---|
| 0.012983134 | 1.32 | 0.009835708 |

附图4.16　2 000 lx光照下窄叶石楠叶片形态模型分析

准则层对于目标层的判断矩阵及单排序和一致性检验

| 接近参照组SPAD | SPAD | 叶面积 | 叶长 | 叶宽 | 叶周长 | 叶形态 | 叶芽数 | 按行相乘 | 开n次方 | 权重Wi | AWi | AWi/Wi | CI=(λ-n)/n-1 | CR=CI/RI |
|---|---|---|---|---|---|---|---|---|---|---|---|---|---|---|
| SPAD | 1 | 1/2 | 1 | 1 | 1 | 1 | 1/9 | 0.055556 | 0.661722 | 0.062086 | 0.43461823 | 7.000226552 | | |
| 叶面积 | 2 | 1 | 2 | 2 | 2 | 2 | 1/5 | 6.4 | 1.303673 | 0.122318 | 0.856630885 | 7.003331346 | | |
| 叶长 | 1 | 1/2 | 1 | 1 | 1 | 1 | 1/9 | 0.055556 | 0.661722 | 0.062086 | 0.43461823 | 7.000226552 | | |
| 叶宽 | 1 | 1/2 | 1 | 1 | 1 | 1 | 1/9 | 0.055556 | 0.661722 | 0.062086 | 0.43461823 | 7.000226552 | | |
| 叶周长 | 1 | 1/2 | 1 | 1 | 1 | 1 | 1/9 | 0.055556 | 0.661722 | 0.062086 | 0.43461823 | 7.000226552 | | |
| 叶形态 | 1 | 1/2 | 1 | 1 | 1 | 1 | 1/9 | 0.055556 | 0.661722 | 0.062086 | 0.43461823 | 7.000226552 | | |
| 叶芽数 | 9 | 5 | 9 | 9 | 9 | 9 | 1 | 295245 | 6.045812 | 0.567251 | 3.97272288 | 7.003467781 | 0.00018854 | 0.000143 |
| | | | | | | | | | 10.65809 | | | 7.001133127 | | |

方案层对SPAD准则层的判断矩阵及单排序和一致性检验

| SPAD | 白光 | 黄光 | 红光 | 绿光 | 紫光 | 按行相乘 | 开n次方 | 权重Wi | AWi | AWi/Wi | CI=(λ-n)/n-1 | CR=CI/RI |
|---|---|---|---|---|---|---|---|---|---|---|---|---|
| 白光 | 1 | 1/2 | 1/6 | 1/2 | 1/4 | 0.010417 | 0.401371 | 0.067247 | 0.336678 | 5.00658 | | |
| 黄光 | 2 | 1 | 1/3 | 1 | 1/2 | 0.333333 | 0.802742 | 0.134494 | 0.673356 | 5.00658 | | |
| 红光 | 6 | 3 | 1 | 3 | 1 | 54 | 2.220643 | 0.372054 | 1.874212 | 5.037468 | | |
| 绿光 | 2 | 1 | 1/3 | 1 | 1/2 | 0.333333 | 0.802742 | 0.134494 | 0.673356 | 5.00658 | | |
| 紫光 | 4 | 2 | 1 | 2 | 1 | 16 | 1.741101 | 0.29171 | 1.47073 | 5.041748 | 0.004947764 | 0.003748306 |
| | | | | | | | 5.968598 | | | 5.019791 | | |

附图4.17 3 000 lx光照下窄叶卷石楠SPAD指标模型分析

准则层对于目标层的判断矩阵及单排序和一致性检验

| 接近参照组 | SPAD | 叶面积 | 叶长 | 叶宽 | 叶周长 | 叶形态 | 叶芽数 | 按行相乘 | 开n次方 | 权重Wi | AWi | AWi/Wi | CI=(λ-n)/n-1 | CR=CI/RI |
|---|---|---|---|---|---|---|---|---|---|---|---|---|---|---|
| SPAD | 1 | 1/2 | 1 | 1 | 1 | 1 | 1/9 | 0.055555556 | 0.661721669 | 0.062086309 | 0.43461823 | 7.000226552 | | |
| 叶面积 | 2 | 1 | 2 | 2 | 2 | 2 | 1/5 | 6.4 | 1.30367269 | 0.122317629 | 0.856630885 | 7.003331346 | | |
| 叶长 | 1 | 1/2 | 1 | 1 | 1 | 1 | 1/9 | 0.055555556 | 0.661721669 | 0.062086309 | 0.43461823 | 7.000226552 | | |
| 叶宽 | 1 | 1/2 | 1 | 1 | 1 | 1 | 1/9 | 0.055555556 | 0.661721669 | 0.062086309 | 0.43461823 | 7.000226552 | | |
| 叶周长 | 1 | 1/2 | 1 | 1 | 1 | 1 | 1/9 | 0.055555556 | 0.661721669 | 0.062086309 | 0.43461823 | 7.000226552 | | |
| 叶形态 | 1 | 1/2 | 1 | 1 | 1 | 1 | 1/9 | 0.055555556 | 0.661721669 | 0.062086309 | 0.43461823 | 7.000226552 | | |
| 叶芽数 | 9 | 5 | 9 | 9 | 9 | 9 | 1 | 295245 | 6.045812166 | 0.567250825 | 3.97272288 | 7.003467781 | | |
| | | | | | | | | | 10.6580932 | | | 7.001133127 | 0.000188854 | 0.000143072 |

方案层对叶宽准则的判断矩阵及单排序和一致性检验

| 叶宽 | 白光 | 黄光 | 红光 | 绿光 | 紫光 | 按行相乘 | 开n次方 | 权重Wi | AWi | AWi/Wi | CI=(λ-n)/n-1 | CR=CI/RI |
|---|---|---|---|---|---|---|---|---|---|---|---|---|
| 白光 | 1 | 1/3 | 1/3 | 1/2 | 1/3 | 0.018519 | 0.45032 | 0.084389466 | 0.425470442 | 5.041748235 | | |
| 黄光 | 3 | 1 | 1 | 1 | 1 | 3 | 1.245731 | 0.233448583 | 1.16878932 | 5.006579683 | | |
| 红光 | 3 | 1 | 1 | 1 | 1 | 3 | 1.245731 | 0.233448583 | 1.16878932 | 5.006579683 | | |
| 绿光 | 2 | 1 | 1 | 1 | 1 | 2 | 1.148698 | 0.215264785 | 1.084389466 | 5.037467995 | | |
| 紫光 | 3 | 1 | 1 | 1 | 1 | 3 | 1.245731 | 0.233448583 | 1.16878932 | 5.006579683 | | |
| | | | | | | | 5.336211 | | | 5.019791056 | 0.004947764 | 0.003748306 |

附图4.18　3 000 lx光照下窄叶石楠叶宽指标模型分析

167

**准则层对于目标层的判断矩阵及单排序和一致性检验**

| 接近参照组 | SPAD | 叶面积 | 叶长 | 叶宽 | 叶周长 | 叶形态 | 叶芽数 | 按行相乘 | 开n次方 | 权重Wi | AWi | AWi/Wi | CI=(λ-n)/n-1 | CR=CI/RI |
|---|---|---|---|---|---|---|---|---|---|---|---|---|---|---|
| SPAD | 1 | 1/2 | 1 | 1 | 1 | 1 | 1/9 | 0.055555556 | 0.661721669 | 0.062086309 | 0.43461823 | 7.000226552 | | |
| 叶面积 | 2 | 1 | 2 | 2 | 2 | 2 | 1/5 | 6.4 | 1.30367269 | 0.122317629 | 0.856630885 | 7.003331346 | | |
| 叶长 | 1 | 1/2 | 1 | 1 | 1 | 1 | 1/9 | 0.055555556 | 0.661721669 | 0.062086309 | 0.43461823 | 7.000226552 | | |
| 叶宽 | 1 | 1/2 | 1 | 1 | 1 | 1 | 1/9 | 0.055555556 | 0.661721669 | 0.062086309 | 0.43461823 | 7.000226552 | | |
| 叶周长 | 1 | 1/2 | 1 | 1 | 1 | 1 | 1/9 | 0.055555556 | 0.661721669 | 0.062086309 | 0.43461823 | 7.000226552 | | |
| 叶形态 | 1 | 1/2 | 1 | 1 | 1 | 1 | 1/9 | 0.055555556 | 0.661721669 | 0.062086309 | 0.43461823 | 7.000226552 | | |
| 叶芽数 | 9 | 5 | 9 | 9 | 9 | 9 | 1 | 295245 | 6.045812166 | 0.567250825 | 3.97272288 | 7.003467781 | | |
| | | | | | | | | | 10.658932 | | | 7.001133127 | 0.000188854 | 0.000143072 |

**方案层对叶面积准则的判断矩阵及单排序和一致性检验**

| 叶面积 | 白光 | 黄光 | 红光 | 绿光 | 紫光 | 按行相乘 | 开n次方 | 权重Wi | AWi | AWi/Wi | CI=(λ-n)/n-1 | CR=CI/RI |
|---|---|---|---|---|---|---|---|---|---|---|---|---|
| 白光 | 1 | 1 | 1/3 | 1/2 | 2 | 0.333333 | 0.802742 | 0.133513382 | 0.668868522 | 5.009748911 | | |
| 黄光 | 1 | 1 | 1/3 | 1/2 | 2 | 0.333333 | 0.802742 | 0.133513382 | 0.668868522 | 5.009748911 | | |
| 红光 | 3 | 3 | 1 | 2 | 6 | 108 | 2.550849 | 0.424261673 | 2.125606207 | 5.010130168 | | |
| 绿光 | 2 | 2 | 1/2 | 1 | 3 | 6 | 1.430969 | 0.238001284 | 1.196316486 | 5.026512749 | | |
| 紫光 | 1/2 | 1/2 | 1/6 | 1/3 | 1 | 0.013889 | 0.425142 | 0.070710279 | 0.354267701 | 5.010130168 | | |
| | | | | | | | 6.012443 | | | 5.013254181 | 0.003313545 | 0.002510262 |

附图4.19  3 000 lx光照下窄叶石楠叶面积指标模型分析

准则层对于目标层的判断矩阵及单排序和一致性检验

| 接近参照组 | SPAD | 叶面积 | 叶长 | 叶宽 | 叶周长 | 叶形态 | 叶芽数 | 按行相乘 | 开n次方 | 权重Wi | AWi | AWi/Wi | CI=(λ-n)/n-1 | CR=CI/RI |
|---|---|---|---|---|---|---|---|---|---|---|---|---|---|---|
| SPAD | 1 | 1/2 | 1 | 1 | 1 | 1 | 1/9 | 0.0555555556 | 0.661721669 | 0.062086309 | 0.43461823 | 7.000226552 | | |
| 叶面积 | 2 | 1 | 2 | 2 | 2 | 2 | 1/5 | 6.4 | 1.30367269 | 0.122317629 | 0.856630885 | 7.003331346 | | |
| 叶长 | 1 | 1/2 | 1 | 1 | 1 | 1 | 1/9 | 0.0555555556 | 0.661721669 | 0.062086309 | 0.43461823 | 7.000226552 | | |
| 叶宽 | 1 | 1/2 | 1 | 1 | 1 | 1 | 1/9 | 0.0555555556 | 0.661721669 | 0.062086309 | 0.43461823 | 7.000226552 | | |
| 叶周长 | 1 | 1/2 | 1 | 1 | 1 | 1 | 1/9 | 0.0555555556 | 0.661721669 | 0.062086309 | 0.43461823 | 7.000226552 | | |
| 叶形态 | 1 | 1/2 | 1 | 1 | 1 | 1 | 1/9 | 0.0555555556 | 0.661721669 | 0.062086309 | 0.43461823 | 7.000226552 | | |
| 叶芽数 | 9 | 5 | 9 | 9 | 9 | 9 | 1 | 295245 | 6.045812166 | 0.567250825 | 3.97272288 | 7.003467781 | | |
| | | | | | | | | | 10.658092 | | | 7.001133127 | 0.000188854 | 0.000143072 |

方案层对叶形态准则的判断矩阵及单排序及一致性检验

| 叶形态 | 白光 | 黄光 | 红光 | 绿光 | 紫光 | 按行相乘 | 开n次方 | 权重Wi | AWi | AWi/Wi | CI=(λ-n)/n-1 | CR=CI/RI |
|---|---|---|---|---|---|---|---|---|---|---|---|---|
| 白光 | 1 | 1/2 | 1/2 | 2 | 1/4 | 0.125 | 0.659754 | 0.106291141 | 0.531531521 | 5.000713268 | | |
| 黄光 | 2 | 1 | 1 | 4 | 1/2 | 4 | 1.319508 | 0.212582283 | 1.063063041 | 5.000713268 | | |
| 红光 | 2 | 1 | 1 | 4 | 1/2 | 4 | 1.319508 | 0.212582283 | 1.063063041 | 5.000713268 | | |
| 绿光 | 1/2 | 1/4 | 1/4 | 1 | 1/7 | 0.004464 | 0.338805 | 0.054584013 | 0.273157908 | 5.00435735 | | |
| 紫光 | 4 | 2 | 2 | 7 | 1 | 112 | 2.56947 | 0.41396028 | 2.071542069 | 5.004204915 | | |
| | | | | | | | 6.207046 | | | 5.002140414 | 0.000535103 | 0.000405381 |

附图4.20　3 000 lx光照下窄叶石楠叶形态指标模型分析

准则层对于目标层的判断矩阵及单排序和一致性检验

| 接近参照组 | SPAD | 叶面积 | 叶长 | 叶宽 | 叶周长 | 叶形态 | 叶芽数 | 按行相乘 | 开n次方 | 权重Wi | $AW_i$ | $AW_i/W_i$ | $CI=(\lambda-n)/n-1$ | $CR=CI/RI$ |
|---|---|---|---|---|---|---|---|---|---|---|---|---|---|---|
| SPAD | 1 | 1/2 | 1 | 1 | 1 | 1 | 1/9 | 0.055555556 | 0.661721669 | 0.062086309 | 0.43461823 | 7.000226552 | | |
| 叶面积 | 2 | 1 | 2 | 2 | 2 | 2 | 1/5 | 6.4 | 1.30367269 | 0.122317629 | 0.856630885 | 7.003331346 | | |
| 叶长 | 1 | 1/2 | 1 | 1 | 1 | 1 | 1/9 | 0.055555556 | 0.661721669 | 0.062086309 | 0.43461823 | 7.000226552 | | |
| 叶宽 | 1 | 1/2 | 1 | 1 | 1 | 1 | 1/9 | 0.055555556 | 0.661721669 | 0.062086309 | 0.43461823 | 7.000226552 | | |
| 叶周长 | 1 | 1/2 | 1 | 1 | 1 | 1 | 1/9 | 0.055555556 | 0.661721669 | 0.062086309 | 0.43461823 | 7.000226552 | | |
| 叶形态 | 1 | 1/2 | 1 | 1 | 1 | 1 | 1/9 | 0.055555556 | 0.661721669 | 0.062086309 | 0.43461823 | 7.000226552 | | |
| 叶芽数 | 9 | 5 | 9 | 9 | 9 | 9 | 1 | 295245 | 6.045812166 | 0.567250825 | 3.97272288 | 7.003467781 | | |
| | | | | | | | | | 10.6580932 | 1 | | 7.001133127 | 0.000188854 | 0.000143072 |

方案层对叶芽数准则的判断矩阵及单排序和一致性检验

| 叶芽数 | 白光 | 黄光 | 红光 | 绿光 | 紫光 | 按行相乘 | 开n次方 | 权重Wi | $AW_i$ | $AW_i/W_i$ | $CI=(\lambda-n)/n-1$ | $CR=CI/RI$ |
|---|---|---|---|---|---|---|---|---|---|---|---|---|
| 白光 | 1 | 1/2 | 1 | 1 | 1/9 | 0.055556 | 0.560978 | 0.070671588 | 0.353389323 | 5.00044405 | | |
| 黄光 | 2 | 1 | 2 | 2 | 1/5 | 1.6 | 1.098561 | 0.13839594 | 0.692343329 | 5.002627456 | | |
| 红光 | 1 | 1/2 | 1 | 1 | 1/9 | 0.055556 | 0.560978 | 0.070671588 | 0.353389323 | 5.00044405 | | |
| 绿光 | 1 | 1/2 | 1 | 1 | 1/9 | 0.055556 | 0.560978 | 0.070671588 | 0.353389323 | 5.00044405 | | |
| 紫光 | 9 | 5 | 9 | 9 | 1 | 3645 | 5.156316 | 0.649589295 | 3.219701879 | 5.002702327 | | |
| | | | | | | | 7.937809 | 1 | | 5.001332387 | 0.000333097 | 0.000252346 |

附图4.21 3 000 lx光照下羊叶石楠叶芽指标模型分析

准则层对于目标层的判断矩阵及单排序和一致性检验

| 接近参照组 | SPAD | 叶面积 | 叶长 | 叶宽 | 叶周长 | 叶形态 | 叶芽数 | 按行相乘 | 开n次方 | 权重Wi | AWi | AWi/Wi | CI=(λ−n)/n−1 | CR=CI/RI |
|---|---|---|---|---|---|---|---|---|---|---|---|---|---|---|
| SPAD | 1 | 1/2 | 1 | 1 | 1 | 1 | 1/9 | 0.05555556 | 0.661721669 | 0.062086309 | 0.43461823 | 7.000226552 | | |
| 叶面积 | 2 | 1 | 2 | 2 | 2 | 2 | 1/5 | 6.4 | 1.30367269 | 0.122317629 | 0.856630885 | 7.003331346 | | |
| 叶长 | 1 | 1/2 | 1 | 1 | 1 | 1 | 1/9 | 0.05555556 | 0.661721669 | 0.062086309 | 0.43461823 | 7.000226552 | | |
| 叶宽 | 1 | 1/2 | 1 | 1 | 1 | 1 | 1/9 | 0.05555556 | 0.661721669 | 0.062086309 | 0.43461823 | 7.000226552 | | |
| 叶周长 | 1 | 1/2 | 1 | 1 | 1 | 1 | 1/9 | 0.05555556 | 0.661721669 | 0.062086309 | 0.43461823 | 7.000226552 | | |
| 叶形态 | 1 | 1/2 | 1 | 1 | 1 | 1 | 1/9 | 0.05555556 | 0.661721669 | 0.062086309 | 0.43461823 | 7.003467781 | | |
| 叶芽数 | 9 | 5 | 9 | 9 | 9 | 9 | 1 | 295245 | 6.04581266 | 0.567250825 | 3.97272288 | 7.001133127 | 0.000188854 | 0.000143072 |
| | | | | | | | | | 10.658092 | | | | | |

方案层对叶长准则的判断矩阵及单排序和一致性检验

| 叶长 | 白光 | 黄光 | 红光 | 绿光 | 紫光 | 按行相乘 | 开n次方 | 权重Wi | AWi | AWi/Wi | CI=(λ−n)/n−1 | CR=CI/RI |
|---|---|---|---|---|---|---|---|---|---|---|---|---|
| 白光 | 1 | 1 | 1/2 | 1/2 | 2 | 0.5 | 0.870551 | 0.155816952 | 0.779600725 | 5.003311352 | | |
| 黄光 | 1 | 1 | 1/2 | 1/2 | 2 | 0.5 | 0.870551 | 0.155816952 | 0.779600725 | 5.003311352 | | |
| 红光 | 2 | 2 | 1 | 1 | 4 | 16 | 1.741101 | 0.311663904 | 1.55920145 | 5.003311352 | | |
| 绿光 | 2 | 2 | 1 | 1 | 3 | 12 | 1.643752 | 0.294209677 | 1.47667893 | 5.019137882 | | |
| 紫光 | 1/2 | 1/2 | 1/4 | 1/3 | 1 | 0.020833 | 0.461054 | 0.082522515 | 0.414317835 | 5.020664173 | 0.002486806 | 0.001883944 |
| | | | | | | | 5.587008 | | | 5.009947222 | | |

附图4.22 3 000 lx光照下窄叶石楠叶长指标模型分析

准则层对于目标层的判断矩阵及单排序和一致性检验

| 接近参照组 | SPAD | 叶面积 | 叶长 | 叶宽 | 叶周长 | 叶形态 | 叶芽数 | 按行相乘 | 开n次方 | 权重Wi | AWi | AWi/Wi | CI=$(\lambda-n)/n-1$ | CR=CI/RI |
|---|---|---|---|---|---|---|---|---|---|---|---|---|---|---|
| SPAD | 1 | 1/2 | 1 | 1 | 1 | 1 | 1/9 | 0.05555556 | 0.661721669 | 0.062086309 | 0.43461823 | 7.000226552 | 0.000188854 | 0.000143072 |
| 叶面积 | 2 | 1 | 2 | 2 | 2 | 2 | 1/5 | 6.4 | 1.30367269 | 0.122317629 | 0.856630885 | 7.003331346 | | |
| 叶长 | 1 | 1/2 | 1 | 1 | 1 | 1 | 1/9 | 0.05555556 | 0.661721669 | 0.062086309 | 0.43461823 | 7.000226552 | | |
| 叶宽 | 1 | 1/2 | 1 | 1 | 1 | 1 | 1/9 | 0.05555556 | 0.661721669 | 0.062086309 | 0.43461823 | 7.000226552 | | |
| 叶周长 | 1 | 1/2 | 1 | 1 | 1 | 1 | 1/9 | 0.05555556 | 0.661721669 | 0.062086309 | 0.43461823 | 7.000226552 | | |
| 叶形态 | 1 | 1/2 | 1 | 1 | 1 | 1 | 1/9 | 0.05555556 | 0.661721669 | 0.062086309 | 0.43461823 | 7.000226552 | | |
| 叶芽数 | 9 | 5 | 9 | 9 | 9 | 9 | 1 | 295245 | 6.04581216 | 0.567250825 | 3.97272288 | 7.003467781 | | |
| | | | | | | | | | 10.6580932 | | | 7.001133127 | | |

方案层对叶周长准则的判断矩阵及单排序和一致性检验

| 叶周长 | 白光 | 黄光 | 红光 | 绿光 | 紫光 | 按行相乘 | 开n次方 | 权重Wi | AWi | AWi/Wi | CI=$(\lambda-n)/n-1$ | CR=CI/RI |
|---|---|---|---|---|---|---|---|---|---|---|---|---|
| 白光 | 1 | 1/2 | 1/2 | 2 | 1/3 | 0.166667 | 0.698827 | 0.117757225 | 0.591908194 | 5.026512749 | 0.003313545 | 0.002510262 |
| 黄光 | 2 | 1 | 1 | 3 | 1/2 | 3 | 1.245731 | 0.209914319 | 1.051698063 | 5.010130168 | | |
| 红光 | 2 | 1 | 1 | 3 | 1/2 | 3 | 1.245731 | 0.209914319 | 1.051698063 | 5.010130168 | | |
| 绿光 | 1/2 | 1/3 | 1/3 | 1 | 1/6 | 0.009259 | 0.392026 | 0.066059162 | 0.330939817 | 5.009748911 | | |
| 紫光 | 3 | 2 | 2 | 6 | 1 | 72 | 2.352158 | 0.396354974 | 1.9856389 | 5.009748911 | | |
| | | | | | | | 5.934473 | | | 5.013254181 | | |

附图4.23　3 000 lx光照下窄叶石楠叶周长指标模型分析

层次总排序计算

| 七准则λai | SPAD | 叶面积 | 叶长 | 叶宽 | 叶周长 | 叶形态 | 叶芽数 | | | | aibin | | Σaibin | | 总排序 Σaibin |
|---|---|---|---|---|---|---|---|---|---|---|---|---|---|---|---|
| | 0.062086 | 0.122318 | 0.062086 | 0.062086 | 0.062086 | 0.062086 | 0.567251 | | | | | | | | |
| 五种光bi | | | | | | | | | | | | | | | |
| 白光 | 0.067247 | 0.133513 | 0.155817 | 0.084389 | 0.117757 | 0.106291 | 0.070671 | 0.004175097 | 0.016331043 | 0.009674054 | 0.005239375 | 0.007311061 | 0.006599183 | 0.040088195 | 0.08941801 |
| 黄光 | 0.134494 | 0.133513 | 0.155817 | 0.233449 | 0.209914 | 0.212582 | 0.138396 | 0.008350194 | 0.016331043 | 0.009674054 | 0.01449915 | 0.013032721 | 0.013198366 | 0.078505269 | 0.153585563 |
| 红光 | 0.372054 | 0.424262 | 0.311634 | 0.233449 | 0.209914 | 0.212582 | 0.070672 | 0.023099345 | 0.051894879 | 0.019348109 | 0.01449915 | 0.013032721 | 0.013198366 | 0.040088763 | 0.175156096 |
| 绿光 | 0.134494 | 0.238001 | 0.29421 | 0.215265 | 0.066059 | 0.054584 | 0.070672 | 0.008350194 | 0.029111806 | 0.018266322 | 0.013364943 | 0.004101339 | 0.003388902 | 0.040088763 | 0.11667227 |
| 紫光 | 0.29171 | 0.07071 | 0.082523 | 0.233449 | 0.396355 | 0.41396 | 0.649589 | 0.018111107 | 0.008649106 | 0.005123523 | 0.01449915 | 0.024608097 | 0.02570121 | 0.36848001 | 0.465166877 |

层次总排序一致性检验

| | SPAD | 叶面积 | 叶长 | 叶宽 | 叶周长 | 叶形态 | 叶芽数 | | | |
|---|---|---|---|---|---|---|---|---|---|---|
| CIi | 0.004998 | 0.003314 | 0.002487 | 0.004948 | 0.003314 | 0.000535 | 0.000333 | CI=ΣaiCIi | RI=ΣaiRIi | CR=CI/RI |
| RIi | 1.32 | 1.32 | 1.32 | 1.32 | 1.32 | 1.32 | 1.32 | 0.001602036 | 1.32 | 0.001213664 |
| CRi | 0.003748485 | 0.002510606 | 0.001884091 | 0.003748485 | 0.002510606 | 0.000405303 | 0.000252273 | | | |

附图4.24 3 000 lx光照下窄叶石楠形叶片形态模型分析

# 参考文献

［1］吴相钰,陈守良,葛明德.陈阅增普通生物学[M].4版.北京:高等教育出版社,2014.

［2］姜汉侨,段昌群,杨树华,等.植物生态学[M].2版.北京:高等教育出版社,2010.

［3］陈元灯.LED制造技术与应用[M].2版.北京:电子工业出版社,2009.

［4］中国建筑科学研究院.城市夜景照明设计规范:JGJ/T 163—2008[S].北京:中国建筑工业出版社,2009.

［5］Herman Wijene, Felix Naef, Catharine Boothroyd, et al. Control of Daily Transcript Oscillations in Drosophila by Light and the Circadian Clock[J]. Plos Genetics, 2006, 2(3):39.

［6］Oquist G, Chow W S, Anderson J M. Photoinhibition of photosynthesis represents a mechanism for the long-term regulation of photosystem Ⅱ[J]. Planta, 1992, 186(3):450-460.

［7］Yanovsky M J, Casal J J. How Plants See—Plants catch light for the information it carries as well as for its energy[J]. Natural History, 2004:32-37.

［8］Reimund Goss, Gyözö Garab. Non-photochemical chlorophyll fluorescence quenching and structural rearrangements induced by low pH in intact cells of Chlorella fusca (Chlorophyceae) and Mantoniella squamata (Prasinophyceae)[J]. Photosynthesis research, 2001, 67(3):185-197.

［9］Anderson Y O. Seasonal development in sun and shade leaves[J]. Ecology, 1955, 36:430-439.

［10］Anderson J M, Goodchild D J, Boardman N K. Composition of the photosystems and chloroplast structure in extreme shade plants[J]. Biochimica et Biophysica Acta, 1973, 325:573-585.

［11］Boardman N K. Comparative photosynthesis of sun and shade plants. Annual Reviewof Plant[J] Physiology and Plant Molecular Biology, 1977, 28:355-377.

［12］Bertamini M, Muthuchelian K, Nedunchezhian N. Photoinhibition of photosynthesisin sun and shade grown leaves of grapevine (Vitis vinifera L.)[J].Photosynthetica, 2004, 42:7-14.

［13］Maxwell K, Marrison J L, Leech R M, et al. Chloroplastacclimation in leaves of Guzmania monostachia. response to high light[J]. Plant Physiology, 1999, 121:89-95.

［14］Yang D H, Webster J, Adam Z, et al. Induction of acclimativeproteolysis of the light-harvesting chlorophyll a/b protein of photosystem Ⅱ inresponse to elevated light intensities [J]. Plant Physiology, 1998, 118, 827-834.

[15] Horwitz B A, Gloria M, Berrocal T. A Spectroscopic View of Some Recent Advances in the Study of Blue Light Photoreception[J]. Botanica Acta, 1997, 110(5):360-368.

[16] Powles, Bjorkman O. Photosynthesis induced by visible light[J]. Annu. Rev. Physcial, 1984, 35:15.

[17] Demming-Adams B, Adams W W. Photoprotection and other response of plant to high light stress[J]. Annu. Rev. Plant Physiol Plant Mol. Boil., 1992, 43:599.

[18] Pavel Šiffel, Ivana Hunalová, karel Roháček. Light-induced quenching of chlorophyll fluorescence at 77 K in leaves,chloroplastsand photosystem Ⅱ particles[J].Photosynthesis Research,2000,65(3):219-229.

[19] Philip Heraud, John Beardall. Changes in chlorophyll fluorescence during exposure of Dunaliella tertiolecta to UV radiation indicate a dynamic interaction between damage and repair processes[J].Photosynthesis Research, 2000,63(2):123-134.

[20] Long S P, Humphries S. Fallowski P G.Photoinhibition of Photo synthesis in Nature[J]. Annu. Rev. Plant physiol. Plant Mol. Bio., 1994, 45(6): 33-62.

[21] Kar P K, Choudhuri M A. Possible mechanisms of light induce chlorophy Ⅱ degradation in senesing leaces of Hydrilla Veticillata[J]. Physiologia Plantarum, 1987, (70): 729-734.

[22] Streb P. Lights stress effect sand antioxidative protection in two desert plants[J]. Functional Ecology, 1997, 11(4): 416-424.

[23] 曲仲湘,吴玉树,王焕校,等.植物生态学[M].2 版.北京:高等教育出版社,1983.

[24] Masterlerz J W. The greenhouse environment[M].Newyork:John Wiley and Sons,1977.

[25] Cao K F. Leaf anatomy and chlorophyll content of 12 woody species in contrastinglight conditions in a Bornean heath forest[J]. Canadian Journal Of Botany-revue Canadienne De Botanique, 2000, 78: 1245-1253.

[26] Urbas P. Adaptive and inevitable morphological of three herbaceous species in a multi-species community: field experiment with manipulated nutrients and light [J] . Acta Oecologic,2000, 21: 139-147.

[27] Lin C. Blue light receptors and signal transduction[J]. Plant Cell 14 (suppl.), 2002: 207-225.

[28] Briggs W R, Christie J M. Phototropins 1 and 2: Versatile plant blue-light receptors [J]. Trends Plant Sci., 2002,7: 204-210.

[29] Morelli G, Ruberti I. Light and shade in the photocontrol of Arabidopsis growth [J]. Trends Plant Sci., 2002,7: 399-403.

[30] Aphalo P J. Light signals and the growth and development of plants—a gentle introduction [D]. Finland: Department of Biology and Faculty of Forestry University of Joensuu, 2001.

[31] Elena Kostina,Anu Wulff,Riitta Julkunen-Tiitto. Gowth, structure, stomatal responses and secondary metabolites of birch seedlings (Betula pendula)under elevated UV-B radiation in the field[J]. Trees, 2001,15(8):483-491.

［32］Coulter M W, Hamner K C.Photoperiodic flowering response of Biloxi soybean in 72-hour cycles［J］. American Society of Plant Biologists,1964,39：848-856.

［33］安田齐.花色的生理生物化学.［M］.傅玉兰,译.北京：中国林业出版社,1989.

［34］姜卫兵,徐莉莉,翁忙玲,等. 环境因子及外源化学物质对植物花色素苷的影响［J］. 生态环境学报,2009,18(4):1546-1552.

［35］罗兰. 彩叶草叶片呈色的生理特性及其花色素苷性质研究［D］. 重庆：西南大学：2007.

［36］Tsukaya H,Ohshima T,Naito S,et al. Sugar-Dependent Expression of the CHS-A Gene for Chalcone Synthase from Petunia in Transgenic Arabidopsis［J］. Plant Physiology, 1991, 97 (4)：1414-1421.

［37］姜卫兵,庄猛,韩浩章,等.彩叶植物呈色机理及光合特性研究进展［J］.园艺学报,2005, 32(2):352-358.

［38］Huala E, Oeller P W, Liscum E, et al. Arabidopsis NPH1：A protein kinase with a putative redox-sensing domain［J］. Science, 1997,278:2120-2123.

［39］Sun-Ja Kim, Eun-Joo Hahn, Jeong-Wook Heo, et al. Effects of LEDs on net photosynthetic rate, growth and leaf stomata of Chrysanthemum plantlets in vitro［J］. Scientia Horticulturae, 2004, 101(1-2):143-151.

［40］Carmona R, Vergara J J, Lahaye M, et al. Light quality affects morphology and polysaccharide yield and composition of Gelidium sesquipedale (Rhodophyceae)［J］. Journal of Applied Phycology, 1998,10：323-331.

［41］Sun Q, Yoda K, Suzuki H. Internal axial light conduction in the stemsand roots of herbaceous plants［J］. Journal of Experimental Botany,2005, 56:191-203.

［42］Balegh S E, Biddulph O. The photosynthetic action spectrum of the bean plant［J］. Plant Physiology, 1970, 46：1-5.

［43］高鸿磊,诸定昌.植物生长与光照的关系［J］.灯与照明,2005,29(4):1-4.

［44］Oyaert E, Volckaert E, Debergh P C. Growth of Chrysanthemum under coloured plastic films with different light quality and quantities［J］. Scientia Horticulturae, 1999,79: 195-205.

［45］Leong T Y, Goodchild D J, Anderson J M. Effect of light quality on the composition, function,and structure of photosynthetic thylakoid membranes of Asplenium australasicum (Sm.) hook［J］. Plant Physiology,1985,78：561-567.

［46］Smith H. Plants and the daylight Spectrum［M］. New York：Academic New York Press, 1981,391-407.

［47］Kendrick R E, Kronenberg G H M. Photomorphogenesis in plants［M］.2nd Revised edition. New York：Kluwer Academic Publishers,1994.

［48］Kowallik W. Blue light effects on respiration［J］. Annu Rev Plant Physiol, 1982, 33: 51-72.

［49］Kowallik W. Blue light effccts on carbohydrate and protein metabolism［J］. Phenomena and Occurrence in Plants and Microorganisms, 1987, 1：7-16.

［50］Moreira D, Silvam H, Debergh P C. The effect of light quality on themorphogenesis of in vitro cultures of Azorinavidalii (wats). Feer[J].Plant Cell Tissue & Organ Cultures,1997, 187-193.

[51] Gautier H, Varlet-Grancher C, Baudry N. Effects of blue light on the vertical colonization of space by white clover and their consequences for dry matter distribution[J]. Annals of Botany, 1997,80: 665-671.

[52] Atsushi Takemiya, Shin-ichiro Inoue, et al. Phototropins Promote Plant Growth in Response to Blue Light in Low Light Environments [J]. The Plant Cell, 2005, 17:1120-1127.

[53] Jashs March. Continuous Light from Red, Blue, and Green Light-emitting Diodes Reduces Nitrate Content and Enhances Phytochemical Concentrations and Antioxidant Capacity in Lettuce[J].Hort Science, 2016,141:186-195.

[54] Mathew G B, Erik S R. Intermittent Light from a Rotating High-pressure Sodium Lamp Promotes Flowering of Long-day Plants[J]. Hortscience,2010,45(2):236-241.

[55] Briggs W R, Eisinger T-S, Han I-S. Phytochrome A regulates the intracellular distribution of phototropin 1-green fluorescent protein in Arabidopsis thaliana [J]. Plant Cell, 2001, 20: 2835-2847.

[56] Tong H, Leasure C D, Hou X, et al. Role of root UV-B sensing in Arabidopsis early seedling development [J]. Proc. Natl. Acad. Sci. U. S. A. 2008,106: 21039-21044.

[57] Urbonavic A, Pinho P, Scomuoliene, G, et al. Effect of short-wavelength light on lettuce growth and nutritional quality[J]. Sodininkyste Ir Darzininkyste,2007, 26(1):157-165.

[58] Kim H H, Goins G D, Wheeler R M, Sager J C. Green-light supplementation enhances lettuce growth under red-and blue-light-emitting diodes [J]. Hortscience, 2004, 39: 1617-1622.

[59] Wan Y L, Eisinger W, et al. The subcellular localization and blue light-induced movement of phototropin 1-GFP in etiolated seedlings of Arabidopsis thaliana [J]. Mol. Plant,2008, 1:103-117.

[60] Briggs W R. A wandering pathway from Minnesota wildflowers to phototropins to bacterial virulence[J]. Annu. Rev. Plant Biol. 2010,61:1-20.

[61] Tseng T-S, Frederickson M A, Briggs W R, et al. Methods in Enzymology[J]. Academic Press,2010:125-134.

[62] Giedre, Samuoliene. Light-emitting diodes: application inphotophysiology[Z]. Shanghai: FAST-LS, Engineering Research Center of Advanced Lighting Technology, Ministry of Education,Fudan University,2015.

[63] Joshua R G,Joshua K C, et al. Light Intensity and Quality from Sole-source Light-emitting Diodes Impact Growth, Morphology, and Nutrient Content of Brassica Microgreens [J]. HortScience May, 2016,51(5):497-503.

[64] Garner W W, Allard H A. Comparative responses of long-day and short-day plants to relative length of day and night [J]. Plant Physiol, 1933, 8: 347-356.

[65] Coulter M W, Hamner K C. Photoperiodic flowering response of Biloxi soybean in 72-hour cycles [J]. Plant Physiol, 1964, 39: 848-856.

[66] Olvera-Gonzalez E, Alaniz-Lumbreras D, Torres-Arguelles V, et al. A LED-based smart illumination system for studying plant growth [J]. Lighting Research & Technology, 2014, 46:128-139.

[67] Garner W W, Allard H A. Effect of the relative length of day and night and other factors of the environment on growth and reproduction in plants [J]. J. Agric. Res., 1920, 18: 553-606.

[68] Michael J H, Olga M, Fiona C R, et al. Photosynthetic entrainment of the Arabidopsis thaliana circadian clock[J]. Nature, 2013, 502:689-692.

[69] Heinze P H, Parker M W, Borthwick H A. Floral initiation in Biloxi soybean as influenced by grafting[J]. Bot Gaz, 1942, 103: 518-530.

[70] Mauseth J D. Botany: an Introduction to Plant Biology, 3rd edn. Sudbury[J]. MA: Jones and Bartlett Learning, 2003, 422-427.

[71] Hamner K C. Interrelation of light and darkness in photoperiodic induction [J]. Bot Gaz, 1940, 101: 658-687.

[72] Craford M G. Update on high power LED teehnology and progress towards solidstate lighting Proe of Shenzhen [Z]. China International Forumon Solidstate lighting, 1-7 (eomprehensiveseetion), China, 2008.

[73] David G P. An overview of LED applications for general illumination[J]. Proceedings of SPIE-The International Society, 2003, 5186:15-26.

[74] 马剑. 颐和园夜景照明生态环境保护研究[D]. 天津:天津大学, 2008.

[75] 苏雪痕.园林植物耐阴性及其配置[J].北京林学院学报,1981,3(2):63-71.

[76] 徐程扬.不同光环境下紫椴幼树树冠结构的可塑性响应[J].应用生态学报,2001,12(3):339-343.

[77] 陈绍云,周国宁.光照强度对山茶花形态、解剖特征和生长发育的影响[J].浙江农业科学,1992(3):144-146.

[78] 吴能表,张红敏.增强UV-B辐射对柑橘叶片光合特性的影响[J].西南大学学报:自然科学版,2014,36(6):1-10.

[79] 张林青.二月兰耐阴性的研究[J].现代园艺,2006(8):42-43.

[80] 严潜.吉祥草对光照强度适应性的研究[D].长沙:湖南农业大学图书馆,2007.

[81] 徐燕,张远彬,乔匀周,等.光照强度对川西亚高山红桦幼苗光合及叶绿素荧光特性的影响[J].西北林学院学报,2007,22(4):1-4.

[82] 陈有民,园林树木学[M].2版.北京:中国林业出版社,2011.

[83] 伍世平,王君健,于志熙.11种地被植物的耐荫性研究[J].武汉植物研究,1994,12(4):360-364.

[84] 王雁.北京市主要园林植物耐荫性及其应用的研究[D].北京:北京林业大学,1996.

[85] 张庆费,雷橍,钱又宇.城市绿化植物耐荫性的诊断指标体系及其应用[J].中国园林,2000,16(6):93-95.

[86] 郝日明,李晓征,王中磊.8种常绿阔叶树木的叶结构特点及其对光照变化的适应性分

析［J］.西北植物学报,2004,24（9）：1616-1623.

［87］樊超.6 种绣线菊对弱光及解除弱光环境的适应性研究［D］.哈尔滨:东北农业大学,2008.

［88］陆明珍,徐筱昌,奉树成,等.高架路下立柱垂直绿化植物的选择［J］.植物资源与环境,1997,6（2）:63-64.

［89］陈伟良.城市高架道路绿化实践与研究初报［J］.上海农学院学报,1998,16（3）:232-239.

［90］徐康,夏宜平,张玲慧,等.杭州城区高架桥绿化现状与植物的选择［J］.浙江林业科学,2003,23（4）：47-50.

［91］王雪莹,辛雅芬,宋坤,等.城市高架桥荫光照特性与绿化的合理布局［J］.生态学杂志,2006（8）:938-943.

［92］李农,王钧锐.植物照明的生态环保研究［J］.照明工程学报,2013,24（2）:5-9.

［93］陈芝.福州市五种园林彩叶植物耐荫性研究及其应用探讨［D］.福州:福建农林大学,2010.

［94］于盈盈,胡聃,郭二辉,等.城市遮阴环境变化对大叶黄杨光合过程的影响［J］.生态学报,2011,31（19）：5646-5653.

［95］裴保华,彭伟秀,张东林.富贵草耐阴性的研究［J］.河北林学院学报,1994（3）:205-209.

［96］周治国.苗期遮荫对棉花功能叶光合特性和光合产物代谢的影响［J］.作物学报,2001,27（6）:967-973.

［97］蔡永立,宋永昌.浙江天童常绿阔叶林藤本植物的适应生态学Ⅰ:叶片解剖特征的比较［J］.植物生态学报,2001,25（1）:90-98,130-131.

［98］何炎红,郭连生,田有亮.7 种针阔叶树种不同光照强度下叶绿素荧光猝灭特征［J］.林业科学,2006,42（2）:27-31.

［99］王竞红.哈尔滨市几种常用花灌木耐荫性的研究［D］.哈尔滨:东北林业大学,2002.

［100］许桂芳,陈自力,张朝阳.不同光照条件下杜鹃花生态特性的比较［J］.浙江农业科学,2004（3）:134-135.

［101］阳圣莹.虎舌红对不同光照强度的响应［D］.成都:四川农业大学,2009.

［102］魏守兴,王家保,陈翔,等.不同光照强度对番石榴幼苗叶片生长发育的影响初报［J］.华南热带农业大学学报,2000,6（4）:10-13.

［103］储钟稀,童哲,冯丽洁,等.不同光质对黄瓜叶片光合特性的影响［J］.植物学报（英文版）,1999,41（8）:897-870.

［104］蒲高斌,刘世琦,刘磊,等.不同光质对番茄幼苗生长和生理特性的影响［J］.园艺学报,2005,32（3）:420-425.

［105］倪文.光对稻苗根系生长及其生理活性的影响［J］.作物学报,1983,9（3）:199-204.

［106］潘瑞炽.植物生理学［M］.6 版.北京:高等教育出版社,2008.

［107］孔云,王绍辉,沈红香,等.不同光质补光对温室葡萄新梢生长的影响［J］.北京农学院学报,2006,21（3）:23-25.

［108］李韶山,潘瑞炽.植物的蓝光效应［J］.植物生理学通讯,1993,29（4）：248-252.

[109] 魏胜林,王家保,李春保.蓝光和红光对菊花生长和开花的影响[J].园艺学报,1998,25(2):203-204.

[110] 陈建军,祖艳群,陈海燕,等.UV-B 辐射增强对 20 个大豆品种生长与生物量分配的影响[J].农业环境科学学报,2004,23(1):29-33.

[111] 杨志敏,颜景义,郑有飞.紫外线辐射增加对大豆光合用和生长的影响[J].生态学报,1996,16(2):154-159.

[112] 邓江明,宾金华,潘瑞炽.光质对水稻幼苗初级氮同化的影响[J].植物学报,2000,42(3):234-238.

[113] 史宏志,韩锦峰,官春云,等.红光和蓝光对烟叶生长、碳氮代谢和品质的影响[J].作物学报,1999,25(2):215-220.

[114] 张丕方,董崇楣,倪德祥,等. 光质对五种不同生活型植物的器官发生和生长的影响[J].武汉植物学研究,1989,7(4):339-344.

[115] 王绍辉,孔云,陈青君,等.不同光质补光对日光温室黄瓜产量与品质的影响[J]. 中国生态农业学报,2006,14(4):119-121.

[116] 刘世彪,胡正海.遮荫处理对绞股蓝叶形态结构及光合特性的影响[J].武汉植物学研究,2004,22(4):339-344.

[117] 王家保,王令霞,陈业渊,等.不同光照强度对番荔枝幼苗叶片生长发育和光合性能的影响[J].热带作物学报,2003,24(1):48-51.

[118] 杨春宇,段然,马俊涛. 园林照明光源光谱与植物作用关系研究[J]. 西部人居环境学刊,2015,30(06):24-27.

[119] 惠婕,杜静,黄丛林,等. 植物光敏色素的研究进展[J]. 北方园艺,2010(7):203-205.

[120] 鲍顺淑,贺冬仙,郭顺星. 可控环境下光照时间对铁皮石斛组培苗生长发育的影响[J]. 中国农业科技导报,2007,9(6):90-94.

[121] 胡阳,江莎,李洁,等. 光强和光质对植物生长发育的影响[J]. 内蒙古农业大学学报,2009,30(4):296-303.

[122] 徐超华,李军营,崔明昆,等. 延长光照时间对烟草叶片生长发育及光合特性的影响[J]. 西北植物学报,2013,33(4):763-770.

[123] 张欢,章丽丽,李薇,等. 不同光周期红光对油葵芽苗菜生长和品质的影响[J]. 园艺学报,2012,39(2):297-304.

[124] 闻婧,杨其长,魏灵玲,等.不同红蓝 LED 组合光源对叶用莴苣光合特性和品质的影响及节能评价[J].园艺学报,2011,38(4):761-769.

[125] 别姿妍. 差异光周期下野牛草相连克隆分株生理代谢节律同步化[D].中国林业科学研究院,2014.

[126] 马剑, 刘刚,刘淑娟,等. 颐和园夜景照明工程环境影响研究[J]. 照明工程学报,2008,19(2):33-36.

[127] 胡华,刘刚. 夜景照明与历史古典园林的保护和发展[J]. 中国园林,2010,26(12):54-57.

[128] Sykes M T, Prentice I. C. Climate change, tree species distributions and forest dynamics: Acase study in the mixed conifer hardwoods zone of northern : Europe [J]. Climatic Change, 1996, 34:161-177.

[129] Pousset N, Rougié B, Razet A. Impact of current supply on LED colour. [J] Lighting Research and Technology, 2010, 42(1):371-383.

[130] Chang C L, Hong G F, Ying Li Li. A supplementary lighting and regulatory scheme using a multi-wavelength light emitting diode module for greenhouse application[J]. Lighting Res. Technol, 2014, 46: 548-566.

[131] Duan B L, Lu Y W, Yin C Y, Li C Y. Morphological and physiological plasticity of woody plant in response to high light and low light [J]. Chinese Journal of Applied & Environmental Biology, 2005, 11(2): 238-245.

[132] Kim S J, Hahn E J, Heo J W, et al. Effects of LEDs on net photosynthetic rate, growth and leaf stomata of Chrysanthemum plantlets in vitro. [J]. Scientia Horticulturae, 2004, 101(1-2):143-151.

[133] 于晓南,张启翔.光强与光质对"美人"梅叶色的影响[J].北京林业大学学报,2001,23(S2):36-38.

[134] 张琰,卓丽环,赵亚洲.遮荫处理对"血红鸡爪槭"叶片色素及碳水化合物含量的影响[J].上海农业学报,2006(03):21-24.

[135] 韩芳,李兴华,苗百岭,等.气候变化对内蒙古小叶杨叶芽开放期的影响[J].气象,2010,36(1):91-96.

[136] 苏小玲.不同光质对葡萄试管苗生长及内源激素含量变化的影响[D].兰州:甘肃农业大学,2009.

[137] 张昆.光强对花生光合特性、产量和品质的影响及生长模型研究[D].泰安:山东农业大学,2009.

[138] 叶子飘.光合作用对光和 $CO_2$ 响应模型的研究进展[J].植物生态学报,2010,34(6):727-740.

[139] Ye Z P, Yu Q. Comparison of new and several classical models of photosynthesis in response to irradiance [J]. Journal of Plant Ecology (Chinese Version), 2008(32):1356-1361.

[140] Ye Z P, Zhao Z H. Effects of shading on photosynthesis and chlorophyll contents of Bidens pilosa [J]. Chinese Journal of Ecology, 2009(28):19-22.

[141] 叶子飘,于强.植物气孔导度的机理模型[J].植物生态学报,2009,33(4):772-782.

[142] 蔡永萍,陶汉之,程备文.对生玉米叶片蒸腾、光合若干特性的研究[J].安徽农业大学学报,1996,23(4):474-477.

[143] 周胜利.多光谱问题中辐射量与光度量之间的关系[J].光学技术,1997(2):50-52.

[144] 李远达,李伟,楼云亭.辐射度量、光度量和色度量及关联性[J].现代物理知识,2016,22(06):22-24.

[145] 高丹,韩秋漪,张善端.植物光度学与人眼光度学的量值换算[J].照明工程学报,

2015,26(2):28-36.

[146] 崔晓静. 红叶石楠叶色变化的生理生化研究[D].保定:河北农业大学,2008.

[147] Urbonavičiūté A, Pinho P, Samuolienė G, et al.Effect of short-wavelength light on lettuce growth and nutritional quality[J]. Sodininkysté ir daržininkysté,2007,26(1):157-165.

[148] Okamoto K, Yanagi T, Takita S. Development of plant growth apparatus using blue and red LED as artificial light source[J]. Acta Horticulturae,1996(440):111-116.

[149] 段然,杨春宇,陈霆. 园林照明对景观植物叶片色彩影响研究[J]. 中国园林,2016,32(1):83-86.

[150] 于晓南,张启翔.彩叶植物多彩形成的研究进展[J].园艺学报,2000,27(S):533-538.

[151] Pedro J A,Roddio A S. Stomatal responses to light and drought stress in variegated leaves of Hedra helix[J].Plant Physiology,1986,81(3):768-773.

[152] 刘亚楠.两个花色素苷合成基因和三个不同启动子对植株颜色的影响[D].泰安:山东农业大学,2005.

[153] Wright S J, Muller-Landau H C,Condit R, et al.Convergence towards higher leaf mass perarea in dry and nutrient-poor habitats has different consequences for leaf life span [J]. Journal of Ecology,2003(84):534-543.

[154] Porter L,Bongers F,Steak F J.Leaf traits are good predictors of plant performance across 53 rain forest species[J].Ecology, 2006(87):1733-1743.

[155] 王旭军,程勇,吴际友,等. 红榉不同种源叶片形态性状变异[J]. 福建林学院学报,2013,33(3):284-288.

[156] 夏萍,汪凯,李宁秀,等. 层次分析法中求权重的一种改进[J]. 中国卫生统计,2011,28(2):151-154,157.

[157] 邓雪,李家铭,曾浩健,等. 层次分析法权重计算方法分析及其应用研究[J]. 数学的实践与认识,2012,42(7):93-100.

[158] 汪应洛.系统工程[M].2 版.北京:机械工业出版社,2003,130-140.

[159] 王婷婷.数据仓库和数据挖掘在学生成绩分析中的应用研究[D].武汉:武汉科技大学硕士学位论文,2007.

[160] 朱传华. 三峡库区地质灾害数据仓库与数据挖掘应用研究[D].武汉:中国地质大学,2010.

[161] 刘同明,等.数据挖掘技术及其应用[M].北京:国防工业出版社,2001.

[162] 邵峰晶,于忠清.数据挖掘原理与算法[M].北京:中国水利水电出版社,2003.

[163] 胡侃,夏绍玮. 基于大型数据仓库的数据采掘:研究综述[J]. 软件学报,1998,9(1):53-63.

[164] Creighton C, Hanash S. Mining Gene Expression Databases for Association Rules[J]. Bioinformatics,2003, 19(1): 79-86.

[165] 宋威, 李晋宏, 徐章艳, 等. 一种新的频繁项集精简表示方法及其挖掘算法的研究[J]. 计算机研究与发展, 2010, 47(2): 277-285.